江戸時代の白砂糖生産法

# 江戸時代の
# 白砂糖生産法

荒尾美代

八坂書房

江戸時代の白砂糖生産法

# 目　　次

まえがき ……………………………………………………………9

# 第1章　序　　論 ………………………………………………11

第1節　序　13

1.　はじめに　13

2.　研究の範囲　14

3.　世界における分蜜法　15

文献と注　16

第2節　研究概要　22

1.　先行研究と本研究の目的　22

文献と注　22

2.　研究の方法　26

3.　用語の説明　27

4.　凡例　29

5.　本稿の構成　30

# 第2章　白砂糖生産　第1期　宝暦年間前期の方法 ……………33

第1節　尾張藩における白砂糖生産法　35

1.　はじめに　35

2.　史料と背景　37

3.　「糖製秘訣」の作者　37

4.　「糖製秘訣」に記されている技術指南的な部分　39

5.　まとめと考察　40

文献と注　41

第2節　長府藩内田屋孫右衛門の砂糖生産法　46

1.　はじめに　46

2.　史料と背景　46

3.　砂糖の種類を示す表現　47

4.　「並砂糖」について　48

5.　「臼砂糖」について　51

6.　「覆土法」について　52

7.　まとめと考察　54

文献と注　54

第3節　小　括　61

# 第3章　白砂糖生産　第2期
## 宝暦年間後期から安永年間前期の方法 ………………63

第1節　田村元雄の白砂糖生産法について　65

　1. はじめに　65　　　　　　　　2. 史料と背景　65

　3. 『甘蔗造製伝』と「沙館製法勘弁」について　66

　4. 「田村傳」と「霜糖玄雄製し立たる法」について　69

　5. 元雄の「覆土法」の考察　71　　6. まとめと考察　74

　文献と注　74

第2節　小　括　81


# 第4章　白砂糖生産　第3期
## 明和年間から天明年間の方法 ……………………83

第1節　池上太郎左衛門幸豊の白砂糖生産法　その1　85

　1. はじめに　85　　　　　　　　2. 史料と研究の範囲　85

　3. 幸豊が砂糖生産に着手した背景　86

　4. 明和年間前期の方法　88　　　5. 天明年間前期の方法　89

　6. まとめと考察　92　　　　　　文献と注　93

第2節　小　括　105


# 第5章　白砂糖生産　第4期　寛政年間の方法 …………107

第1節　池上太郎左衛門幸豊の白砂糖生産法　その2　109

　1. はじめに　109　　　　　　　2. 史料と背景　109

　3. 親音が記した幸豊の製法「和製砂糖傳」より　111

　4. 幸豊が親音に宛てた「白糖製」より　112

　5. 幸豊が実際に行った『糖製手扣帳』より　113

　6. まとめと考察　116　　　　　文献と注　117

第2節　木村又助の白砂糖生産法　123

　1. はじめに　123　　　　　　　2. 史料と背景　123

3. 寛政4年『砂糖製作傳法書』124

4. 寛政9年『砂糖製作記』126 　　5. まとめと考察 128

文献と注 128

第3節　小　括　132


# 第6章　白砂糖生産　第5期　享和年間から天保年間の方法 …135

第1節　荒木佐兵衛の白砂糖生産法　137

1. はじめに 137 　　　　　　2. 史料と背景 137

3.『甘蔗作り方沙糖製法口傳書』138

4. まとめ 139 　　　　　　　文献と注 140

第2節　享和元年における高松藩の白砂糖生産法　142

1. はじめに 142 　　　　　　2. 史料と背景 142

3.『砂糖製法聞書 全』145 　　4.『砂糖の製法扣』145

5. 考察とまとめ 146 　　　　文献と注 147

第3節　大蔵永常が記した白砂糖生産法　151

1. はじめに 151 　　　　　　2. 史料と背景 151

3.『甘蔗大成』「白砂糖製法」152 　　4.『甘蔗大成』「絞り様之事」156

5. まとめと考察 157 　　　　文献と注　161

第4節　小　括　165


# 第7章　結　論 ……………………………………………………167

第1節　総合的考察　169

1.「覆土法」の期間 169 　　　2.「覆土法」の効果 170

3.「覆土法」と「加圧法」170 　　文献と注 171

第2節　結　語　173

1. まとめ 173 　　　　　　　2. 今後の課題 174


7

## 第8章　付論「覆土法」の民族事例
### ベトナム中部における伝統的な白砂糖生産について ……175

1．はじめに 177　　　　　　2．事例の背景 177

3．製作工程 178　　　　　　4．観察と測色 184

5．製作工程の考察 188　　　　文献と注 191


## 資料　「和三盆」方式と「覆土法」方式の図と写真 ………193

1．現在の「和三盆」製法の写真 195　　2．明治時代の「和三盆」198

3．かつて行われていた「覆土法」の図　中国・日本 199

4．「覆土法」の様子　ベトナム 200


博士論文に関わる発表論文等 ……………………………………201

あとがき ……………………………………………………………203

# まえがき

　なぜ砂糖に興味をもったのかということをよく聞かれる。

　そもそも、コンペイトウやカルメル、アルヘイトウなどのかつてポルトガルから伝来した南蛮菓子に興味があった。これらの菓子の特徴は、砂糖を主材料にしている砂糖菓子であることだ。

　では、主材料の砂糖は、どのようなモノだったのか？

　昔の砂糖は、モノとして残っていないので、砂糖の作り方がわかれば、どのような様相かがわかるのではないかと考え、砂糖の作り方を概観していた時に、土を使って白くするという方法を採っていたことを知った。「土で白くなる？どうして、どうやって？」と、好奇心に火が付いた。

　現在、砂糖を白くするには、結晶の周りについている黒色成分を含むモラセスを遠心分離機で飛ばして除去している。しかし、遠心分離機がない時代から、白砂糖はあった。その遠心分離機が使われる以前から砂糖を白くする方法として土を使う方法があったのだ。

　その土を使う方法が、平賀源内編の『物類品隲』に絵図付きで記されているのが目に焼き付いた。

　摩訶不思議な方法に取り憑かれた私は、史料に導かれるようにして砂糖探究の道へと踏み込んでいくこととなった。


　本稿は、2004年度に昭和女子大学へ提出した博士論文である。

　書籍化は、「今後の課題」に挙げてある第2部、第3部、第4部を加えてと考えていたが、いつまでたっても、こちらの区切りがつかないし、まとまらない。砂糖という、広い範囲のテーマに手を出してしまったからに他ならない。この度、論文を入手したいという問い合わせが入ったことから、まずこれを第1部として上梓しようと、ようやく思い立った次第である。

　書籍化にあたり、引用文の誤字・脱字・判読文字など、若干の修正を行ったが、不備なところもあろうかと思う。お気づきの点などお知らせいただければ幸甚である

# 第1章

## 序　論

第1章　序　論

# 第1節　序

## 1.　はじめに

　我が国では、江戸時代中期まで、砂糖はほぼ100パーセント輸入に頼っていた。江戸時代、日本における砂糖の消費は急激に伸び、8代将軍吉宗は、砂糖の殖産化に着手する。

　我が国では、どのような砂糖生産法を採っていたのであろうか。

　伝統的な「白砂糖」は、現在香川県と徳島県で作られている「和三盆」が挙げられる。近年「和三盆」は、製品の紹介のみならず、江戸時代からの製法として新聞や雑誌で取り上げられることも多いので、われわれは、江戸時代の国産の砂糖が現在の「和三盆」と同じようなモノであったと思ってしまいがちである。しかし、我が国が砂糖生産に取り組みはじめた頃、現在の「和三盆」にみる技術によって砂糖を作っていたのではなかった。「覆土法」と称する技術によって生産されていたのであった。すなわち、我が国の白砂糖製作は、土を活用した方法から始まったのである。

　この事実は、一般的には知られていない。現在の日本で、「覆土法」による砂糖が作られていないことにも起因するのであろう。

　「覆土法」がいつ頃からどのように研究され、実践されていたかを明らかにすることは、我が国における砂糖の受容の側面を明らかにする上で重要であると考える。

　また「覆土法」は他国でも行われており、我が国で行われていた方法を明らかにすることは、今後、世界的視野に立った砂糖生産技術の詳細を明らかにする手だてにもなりうると考える。

13

## 2. 研究の範囲

　砂糖生産はまずサトウキビの栽培から始まり、茎の刈り取り、茎を圧搾してサトウキビ汁を絞り出し、その糖液を加熱濃縮する。サトウキビの種類や使用部分、圧搾汁の清浄工程や加熱濃縮工程においてショ糖以外の不純物の取り除き方を入念に行うか否か、及び加熱終了時の温度などに違いがあるものの、黒砂糖は加熱濃縮後に冷却して固めたものである。

　さらに白砂糖を作るには、黒色成分を含む蜜をショ糖の結晶から分離して、なるべく純粋な結晶を得るための操作（以下分蜜という）工程が加わる。

　本稿は白砂糖製作に不可欠である分蜜法をとりあげ、その分蜜法のなかでも、我が国で最初に研究されていた方法である「覆土法」について論じるものである。

## 3. 世界における分蜜法

　歴史的に確認されている世界における伝統的な白砂糖製作の分蜜法を、分類および定義して述べている文献は管見の限りみられないので、本稿では以下のように大別した。

　結晶の周りに存在する蜜を重力によって自然滴下させる「重力法」、圧力を加えて強制的に蜜を押し出す「加圧法」、植物を被覆に使う「覆草法」[1]、土を被覆に使う「覆土法」[2] とした。これらの分蜜法は、単一として施されている場合もあれば、複合的に施されている場合もある。

　「重力法」は、白下糖を袋などに入れて、下に蜜受けを設けて蜜を滴り落とす原始的なものから、底に穴の開いた逆円錐形の容器に入れる方法などがある。

　「加圧法」は、人が足で踏みつける、絞る、重石を乗せる、器具を使って加圧するなどの方法である。現在の「和三盆」[3] は、水を加えて捏ねる操作が加わる「加圧法」の一種に分類される。インドでは、布袋に入れた白下糖に人が乗って踏みつけ蜜を押し出すという原始的な方法や、重石を置いて袋の中の白下糖を分蜜していた[4]。さらに18世紀末から19世紀初頭にベンガル地方で、現在の「和三盆」作りの方法と酷似している「加圧法」がまず行われ、その後底に穴の開いた容器に入れる「重力法」を施し、最終的には「覆草法」が行われていた[5]。

　「覆草法」は、水草などの植物を砂糖の上に乗せる方法である。

　この水草を置くという方法は、19世紀末から20世紀初頭に、ベンガル地方のみならず、他のインドの砂糖生産地においても行われていたことが報告されている[6]。また、中国でも19世紀末から20世紀初頭に行われていた[7]。

　「覆土法」は、砂糖の表面に泥や土を乗せる方法である。

　「覆土法」は、中国においては、戴およびダニエルスによれば、1503年の記述が最初ではないかとされている[8]。カナリア諸島では1570年に観察され[9]、1652年には西インド諸島とフロリダで観察されている[10]。またスペインでは1664年に[11]、バルバドスでは1667年に報告がある[12]。ブラジルでは1711年に詳細な技術の叙述[13] がある。

　ベトナム中部では、砂糖製法の技術的な記録は、1749年から1750年に滞在したピエール・ポイブレによるものが最初とされ[14]、それによると「覆土法」が行われ、土の替わりに植物の幹を細かく切って水に含ませて置くという方法も紹介されている[15]。

一方、我が国が砂糖生産に取り組んだ初期においては、吉宗は中国の書物を書物奉行の役にあった深見新兵衛などに命じて集収させ、また長崎に来る中国の商人から製糖法の書付を提出させた[16]。享保11年9月の日付がある廈門船主李大衡が提出した書付には、水分を含んだ土で砂糖の上を覆い置くことが記されている[17]。また、吉宗の言行を記した『仰高録』には、泥土を置いてそれを取ることをいろいろ試したことが、書物奉行であった深見新兵衛が宝暦3年に記した記事として所収されている[18]。

以上のように享保年間には「覆土法」の情報が入り、我が国では「覆土法」による白砂糖製作を研究していたと考えられる。

〈文献と注〉

1) プリンセン・ヘヤリッヒ著、水田栄雄訳『世界甘蔗糖業』（台湾糖業聯合會、1918）には、「水草被覆法」「水草分蜜法」「覆草法」の名称が用いられている。

イギリス領インドでの製造法では「水草被覆法」の名称が使用されている（76頁）。

（前略）原始的分蜜法、並に水草被覆法を行ふ結果、多量の糖分を、減損して仕舞ふ、（後略）

また、同頁には、砂糖の名称と、工程の流れを示した表があるが、それには、「水草分蜜法」が使用されている。

中国における砂糖製造法として、「覆草法」が使用されている（102頁）。

（前略）洗滌法と覆草法に依り、此粗糖より白糖を造るが、此目的を達する為めには、底に孔ある桶に赤糖を盛り、水分を含める一層の草を覆ひ置けば、草の水分は漸時滴下し、砂糖に沁み込み、結晶粒に付著せる、茶褐色の糖蜜を洗滌し、底の孔より洩れ出て、跡には脚の付いた、柔か味のある白糖が残る、（後略）

2) 樋口弘は昭和18年版の『本邦糖業史』（味燈書屋）で「泥土脱色法」と「尖白法」を用い、昭和31年改訂版の『日本糖業史』（内外経済社）では、「泥土脱色法」「泥土脱色尖白法」「尖白法即ち泥土脱色法」の名称を用いている。小川国治は「宝暦期長府藩における実学の実践とその挫折 ―永富独嘯庵の白砂糖製造を中心として―」（『史学研究』108号、1971）で「泥土脱色糖法」を、桂真幸は『讃岐及び周辺地域の砂糖製造用具と砂糖しめ小屋・釜屋』（四国民家博物館、1987）で「泥土脱色法」を用いている。植村正治『日本製糖技術史1700～1900』（清文堂、1998）は「覆土法」を、谷口學『続砂糖の歴史物語』（信陽堂印刷、1999）は「封泥法」「封泥分蜜法」「覆土瓦溜法」「封泥法（覆土法）」である。松浦豊敏『風と甕』（葦書房、1987）は「覆土瓦礪法」、クリスチャン・ダニエルス「中国製糖技術の徳川日本への移転」、永積洋子編『「鎖国」を見直す』（国際文化交流推進協会、1999）は「瓦溜覆土法」、保坂秀明「食の文明史（Ⅲ）」『食品加工技術』第8巻4号（1988）は「泥土脱色法」、木下圭三「江戸時代の製糖につ

いての一考察」『化学史研究』（1985）は「粘土法」である。

一方、中国の砂糖生産の歴史を記した戴国煇は『中国甘蔗糖業の展開』（アジア経済研究所、1967）の中で、「封泥法」「封泥法、すなわち覆土法」「封泥法＝覆土法」という言い方を用いている。

以上のように用語としてまだ定着したものがない。

平賀源内編の『物類品隲』（国会図書館蔵白井文庫本、および、杉本つとむ編『西洋本草書集』早稲田大学蔵資料影印叢書；洋学篇　第11巻、早稲田大学出版部、1996、385頁）には「覆－土｣法」が用いられている。この記述は『閩書南産志』から引用したことが明記されており、寛延4年刊行の和刻本『閩書南産志』（静嘉堂文庫蔵）にも、もちろん「覆－土｣法」とある。その底本である『閩書』巻150と巻151に所収されている「南産志」崇禎4年序刊本（国立国会図書館蔵）には「覆土法」とある。そこで、本稿では「覆土法」の用語を用いる。

3）「和三盆」製作の手順は、まずサトウキビの茎を圧搾して中の糖液を取り出し、それを加熱濃縮し、自然冷却してショ糖の結晶を析出させ、結晶と蜜が入り交じっている状態の白下糖を作る。続いて行われる工程は、白下糖を布袋に入れ、それを酒作りに用いるのと同様の押し船で加圧して蜜を押し出す。蜜が少し抜け落ちた白下糖の結晶からさらに蜜を分離させるために少量の水を加え、よく捏ねる「研ぎ」という操作を行い、再び押し船にかける操作を交互に繰り返すというものである。

4）ヘヤリッヒ、前掲書〔注1〕、75頁。

極めて原始的な、簡単な精製法は、ラブ糖を袋に包み、其上を根能く踏み付ける人夫が、一人あれば出来る、踏み付けさへすれば、所謂シラと云う糖蜜が、沁み出して、袋の中で、脚の付いた白らけた砂糖、即ちピユトリ糖が出来る、之れは更らに精製することもある。

時としては、小孔を穿てる床上に、蓆を敷き、其上に袋詰のラブ糖を、積み上げる事もある、斯くすれば袋から沁み出る糖蜜は、直ぐ床下の少さき蜜溜りに集るが、更らに進んで、此粗糖と糖蜜の分離工程を、急に捗らせんが為めに、大なる焼土の塊を、袋積の頂上に載せる事もある、（後略）

5）谷口晋吉「18世紀末北部ベンガルの在来糖業」、安場保吉・斎藤修編『プロト工業化期の経済と社会』日本経済新聞社、1983、215-216頁には、以下の史料に依拠して、白糖製造に関することがまとめられている。

F. Buchanan, *A geographical, statistical and historical description of the District or Zila of Dinajpur in the Province or Soubah of Bengal*, 1832 のリプリント、*Census 1951, West Bengal, District Hand book-Maldah* 所収、pp. ccvii-ccx と、18世紀末に商人としてベンガルに滞在した英国人の著作 *Bengal Sugar-An Account of the Method and Expense of Cultivating the Sugar-cane in Bengal*,（Anonym）, 1794, pp. 139-142, および、ベンガル商務局審議録（Proceedings of the Board of Trade）, 4th Sep. 1792, Nos. 24-28 と、25th

Nov. 1793（A letter from B. Mason, Enc. No. 2）に依拠した製作場の技術内容は、以下のとおりである。

　　一番糖製造の要領は、白下糖から様々の処理過程を通して糖蜜や不純物を除き、白色で純度の高い蔗糖の結晶を得ることにある。白下糖は、まず締場に運ばれ分蜜の第一工程を受ける。即ち容器から取り出した白下糖の塊を細砕・加水し、よく手揉み（磨ぎ）してから、丈夫な麻袋に詰める。この袋を糖蜜受槽の上に置き両側から押し竹で挟み、縄をかけて堅縛する。糖蜜（math）が滲出するにつれ、日に1～2度、縄を固く締め直す。2～3日これを続けた後に、白下糖を袋から出し、また加水し磨ぎを加えてから、再度締めを行う。その後、釜場の中央の地中炉に固定した鉄製大釜（kurrai, 直径2.7m, 自重222kg）に磨ぎ・締めの終わった白下糖（これをsarと呼ぶ）をあけ、加水・細砕してから弱火で煎糖する。この過程で、適宜、石灰（chunam）、植物灰（khar, khai patta）、ミルクなどのアルカリ分を加え、不純物を析出・浮上させ、除去する。2時間ほどこれを続けてから、大釜から熱汁を汲み出し木綿布（guzzy）で濾過して、再び釜に戻し今度は強火で煎じて浮滓を除く。これを3～7回繰り返すと、濃縮が進み適当な粘度を得るので、ここで煎糖を終える。合計4時間の工程であり、1名の砂糖師が4名ほどの助手を使って行う。この作業は火加減が大変難しく、しばしば突沸の危険があるので高度の経験と熟練を要する。

　　さて、この濃縮糖汁は、底に孔をうがち栓をした広口の逆三角形の土壺（kundah）に入れて、漂場に移す。ここで、分蜜の第二工程（漂白過程）が行われる。まず熱汁を2日ほど放置し冷却させて土壺の底の栓を抜き糖蜜（chua, kutra）を流出させる。3日目壺の上部に5cmほどの厚さに水生植物の葉（shaola patta）を敷き詰め、15～6日間置く。すると、葉の水分により壺内のserの表層部の不純物・非結晶物質が溶解し流出して上部が精白されるので、これを掻き取る。残る部分に対しても同じ作業を行う。3～4回これを行うと、壺のserが全て精白される。こうして一番糖が製造されるが、その中でも最初の掻き取り分（chini awul khat）が最上品とされる。

6) ヘヤリッヒ、前掲書〔注1〕、75頁。

　　此工程にて分蜜せるラブ糖を、底に孔ある缸（カメ）に入れ、其上を濕めした一層の水草、『ハイドリラ、ヴァチシラタ』で蔽ふて置けば、水草に含まれた水は、砂糖の結晶の上に滴下し、結晶に付着せる糖蜜を、溶解せしめて、蜜は底の孔より流れ出す、四五日を經て、水草を取り去り、淡褐色の砂糖（バチニ糖）の一層を、表面より削り取り、残つた砂糖の上に、再び新規な一層の水草を載せ、此工程を反覆して、全然糖蜜を分離させる、（後略）

7) ヘヤリッヒ、前掲書〔注1〕参照。

8) 戴国輝『中国甘蔗糖業の展開』（アジア経済研究所、1967）、106頁。

この「封泥」による白糖製造法が興化府において創始されたことに関し（後略）

Christian Daniels, "Agro-industries and Sugarcane Technology", Joseph Needham（ed）. *Science and Civilisation in China, Vol. 6, III*（Cambridge: Cambridge University Press, 1996）, p. 390.

> In China the first detailed account of claying occurred in the +1503 gazetteer for Hsing–Hua prefecture on the Fukien coast, though its practice dated from considerably earlier times.

9) Daniels, op. cit., pp. 389-390.

> In the West the claying process can only be documented as far back as observations in the Canaries in +1570 Francisco Hernandez, …（先行研究の解釈の注あり）

10) Daniels, *op. cit.*, p. 393. の中で、Hughes William, *The American Physician*,（London : 1672）p. 35. を引用して以下のように記している。

> William Hughes, a horticultural writer who returned to England after visiting the West Indian islands and Florida in about +1652, wrote in his work, *The American Physician*, 'cover the tops of these boxes, or earthen vessels, with a temper'd white earth: and indeed there is great art in whitening and making of good sugar.

11) Daniels, *op. cit.*, p. 394. には、John Ray, *Observation Topographical, Moral, & Physiological made in a Journey through Part of the Low-Countries, Germany, Italy and France: with Catalogue of Plants not Native of England, found spontaneously growing in those Parts, and, their Virtues, Whereuto is added a brief Acoount of Francis Willughby Esq: his Voyage through a great Part of Spain*（London: 1673）を引用しており、それは以下である。

> Francis Willughby, who traveled through the sugar-producing areas of Spain in +1664, reported:
>
> > These pots [sugar cones] are covered when full with a cake of past [pasta], made of kind of earth called in Spanish *Gritto*, and found near Olives, which is good to take the spots out of clothes, which cap or cover sinks as the sugar sinks.

12) Daniels, *op. cit.*, p. 394 には、Stearns, Raymond Phineas が 'The Production of Sugar in Barbados c. 1667' というタイトルで、1936年に *Annals of Science* に発表したものを引用している。

> The major effects from claying were most probably also a simple washing action. Further evidence of this occurred in the account of Barbados entitled, 'The History of the Culture of the Sugar-Cana and the Making of Sugar' of c. +1667, submitted to Henry Oldenburgh, an early Secretary and organizer of the Royal Society:
>
> > To whiten this sugar, after it hath run about a forthnight they digge up 2 or 3

inches from the broad top, where meeting with a crust, they raise it and beat it small with a wooden mallet to make it lye close and smooth with the rest; which done, they take a good clay (the whither the better) and, after it hath been well dried in the sun, mixe it with water, working and incorporating it so well together that they may not sever when this mixture is powred into the pots.

13) Alberto Vieira and Francisco Clode, *A Rota do Açúcar na Madeira* (Funchal: Associação dos Refinadores de Açúcar Portugueses, 1996), p. 87.

上記箇所には、Antonil, *Cultura e opulência do Brasil* (Lisboa: 1711) を引用しており、それは以下である。

A CASA DE PURGAR ⋯ Passados os quinze dias, daí por diante se barrear seguramente, ⋯

14) Daniels, *op. cit.*, p. 430.

⋯ and earliest detailed description did not appear until the visit Pierre Poivre to central Vietnam in +1749-1750.

15) Daniels, *op. cit.*, pp. 432-433 には、Pierre Poivreの英語版、*The Travels of a Philosopher, Being Observations on the Customs, Manners, Arts, Agriculture, and Trade of Several Nations in Asia and Africa* (London: J. Davidson, 1769) が引用されている。

They dissolve a fine sort of whitish clay in a trough, with such a quantity of water as, when thus prepared, prevents it from having too much consistence; they then lay it upon the surface of the sugar with a truel, to the thickness of about two inches, in the void space left at the top of the FORM by the condensing of the sugar, after purging itself of the coarser syrup or molasses. The water contained in the clay penetrating by degrees into the mass, washes it, and carries off insensibly the remaining syrup, and every foreign particle that adheres most closely of the sugar. When the clay hardens, they replace it with a fresh quantity, diluted as the first: this operation, which lasts about twelve or fifteen days, is the same here as in our West-India colonies. Some refiners of Cochin-China, however, have a different method. Instead of clay, tempered thus with water, they cut the trunk of the musa or bananier into little pieces, which they place upon the sugar: the trunk of this tree is very watery; the water of a detergent quality; distills from the fibbers, which envelope it, in very small drops.

なお、ダニエルスは、土が近くで入手できない時、または高価であった時にバナナの幹を使用したのではないかという見解を述べている．

Christian Daniels, *op. cit.*, p. 434.

Secretions from the trunk of the banana plant served as a substitute for clay when it was not available locally, or too expensive; here again the principle of

第 1 章　序　論

　　　water percolating down through the cone and washing the molasses off the sugar

　　　remained the same as with clay.

　また、水草の代わりが土であったと推測している文献もある。

　　Noel Deerr, *The History of Sugar, Vol.1*（London: Chapman & Hall, 1949）, p. 109.

　　　In India the same scheme is still in use, employing an aquatic weed, Vallisneria

　　　spiratis, as the water-holding medium. It is quite possible that the process may

　　　have derived from India, clay being substituted for the weed.

　このように見解が研究者によって違うので、本稿では別の種類の方法とした。

16）『有徳院殿御実紀附録巻十七』（吉川弘文館、1966）、316頁

　　　　深見新兵衛有隣（書物奉行）等にも仰下されて。天工開物をはじめ。府志。

　　　県志等の諸書より考あつめられ。また長崎に来りし唐商李大衡。游龍順などに

　　　もとはしめられしかば。各製法の事を書て奉れり。

17）松宮俊仍『和漢寄文』国立公文書館蔵

　　　（前略）じゆる土を拾斤程糖漏の上に覆ひ置バ又砂糖水したゝれ出る、土の堅成

　　　を待て土を取去れは砂糖少白なる、又しゆる土を拾斤ほと糖漏の上に覆ひ置け

　　　ハ又砂糖水したゝれ出る、土の堅くなるを待て土を取去れハ砂糖則白くなる、

18）源政武『仰高録』国立公文書館蔵

　　　（前略）泥土を置又是を去ル、とかくの御事とも色々様々と御ためし御試有之候

　　　へき、

21

## 第2節　研究概要

### 1.　先行研究と本研究の目的

　日本の砂糖製法技術史に関する研究[1]は、現在でも生産が続いている「和三盆」の技術的な研究が多く、我が国で最初に行っていた分蜜法である「覆土法」の技術史を含む研究は、検討を加えたものもあるものの[2]、「覆土法」を中心とした江戸時代の日本における白砂糖製法に関する学術研究はみられず、その実態の詳細は明らかにされていない。

　「覆土法」における土の効果について、デール、戴、ミンツ、松浦、ダニエルス、植村らによる従来の研究では、土に含まれている水分が、部分的に結晶固化している砂糖の方へ滴下し、ショ糖の結晶の周りに存在する黒色成分を含んでいる蜜をその水分によって洗い流すとされてきた[3]。このことは、すでに18世紀において、ベトナム中部に滞在したピエール・ポイブレによって、実際の観察者としての目からも指摘されていることである[4]。

　一方、篠田は「覆土法」の効果を吸着[5]としている。桂は吸収の語句を用いて記しているが[6]、それについて松浦は、根拠と説明が不十分であると批判文を記している[7]。

　「覆土法」は、現在日本では行われていないため、また世界に目を向けても「覆土法」で作られた砂糖を見ることはむずかしいともいわれているので[8]、検討材料が乏しく、近年の研究者が目にしたことのない方法が、これまで解釈されてきたものと考えられる。

　また、江戸時代における白砂糖製法技術の変遷を、白砂糖製作には不可欠である分蜜法を編年でとらえての試みはこれまでない。そこで、本論は、日本で最初に研究されていた分蜜法の一つである「覆土法」に着目して、江戸時代に行われていた白砂糖製法の技術の伝播とその推移について考察を行うものである。

〈文献と注〉

1) 我が国の砂糖に関する歴史的な文献や論文は、経済史・貿易史・社会史・食物史などの視点からも数多くあるが、江戸時代の技術史に限定すると以下のような研究が

第1章　序　論

ある。

◆讃岐や阿波の「加圧法」を中心に扱っている研究には、次のような文献がある。

岡田廣一『阿波和三盆糖考』（徳島県製糖協同組合、1956）。

市原輝士「讃岐の砂糖」地方史研究協議会編『日本産業史大系7　中国四国篇』（東京
　　大学出版会、1960）94-113頁。

徳島県教育委員会『徳島県文化財基礎調査報告・第6集　阿波和三盆糖』（徳島県教
　　育委員会、1983）。

立石恵嗣・小笠泰史・佐藤正志「阿波の糖業史」『徳島の研究 第5巻　近世・近代篇』
　　（清文堂出版、1983）134-181頁。

岡光夫「砂糖」『講座・日本技術の社会史　第一巻』（日本評論社、1983）。

桂真幸『讃岐及び周辺地域の砂糖製造用具と砂糖しめ小屋・釜屋』（四国民家博物館、
　　1987）。

糖業協会編『近代日本糖業史　上巻』（勁草書房、1962）には、讃岐・阿波の技術と、
日本が台湾を領有する以前の現地製糖技術の紹介が含まれている。

◆讃岐や阿波のみならず、全国的な技術史を扱っている文献に、植村正治『日本製
糖技術史1700〜1900』（清文堂、1998）がある。

谷口學『続砂糖の歴史物語』（信陽堂印刷、1999）は『季刊糖業資報』（精糖工業会）
に1976年から1995年までの寄稿と『砂糖類月報』（蚕糸砂糖類価格安定事業団）へ
1993年から1995年までの寄稿をまとめたもので、全国的な視野で記述されているが、
技術史の考察もあるもののそれを主としてはいない。

糖業協会編『糖業技術史―原始より近代まで―』（丸善プラネット、2003）は、世界
的な視野で技術史を紹介しているが、日本に関しては谷口（前掲書）に拠っている。

松浦豊敏『風と甕』（葦書房、1987）は、エッセイ風な項目もあるが、世界を視野に
入れた技術史を論述している。

篠田統「明代の食生活」藪内清編『天工開物の研究』（1995）所収は、日本の技術には
触れていないが、東西の技術移転についての見解が述べられている。

◆サトウキビの圧搾機や濃縮器などを中心とした機器の技術史的考察には、たとえ
ば以下がある。

明治前日本科学史刊行会編纂（編集委員野口尚一・洞富雄・菊池俊彦）『明治前日本
　　機械技術史』（日本学術振興会、1973）84-97頁。

クリスチャン・ダニエルスa「17、8世紀東・南アジア域内貿易と生産技術移転―製
　　糖技術を例として」『アジア交易圏と日本工業化1500-1900』浜下武志・川勝平太
　　編（リブロポート、1991）70-102頁。

クリスチャン・ダニエルスb「中国製糖技術の徳川日本への移転」永積洋子編『「鎖国」
　　を見直す』（国際文化交流推進協会、1999）113-142頁。

保坂秀明a「食の文明史（II）」『食品加工技術』第8巻2号（1988）、57-76.

保坂秀明b「食の文明史（III）」『食品加工技術』第8巻4号（1988）、324-341.

保坂秀明c「製糖機械」『食品加工技術』第12巻2号（1997）、49-64.

◆また機器を中心としない技術史として以下がある。

大矢真一『日本の産業技術 鯨捕りから反射炉まで』（三省堂、1961）60-67頁

木下圭三「江戸時代の製糖についての一考察」『化学史研究』1985、158.

木下圭三・田中和男「天保以後の日本の製糖法について」『化学史研究』1986、136.

木下圭三・田中和男「江戸時代および明治初期の砂糖の製造について（第1報）―気候の重要性と肥料の使用法について―」『化学史研究』1988、53-62.

2）日本の「覆土法」の技術に触れている文献は、桂、植村、谷口（前掲書〔注1〕）、ダニエルス（前掲書〔注1b〕）の他、糖業協会編（前掲書〔注1〕）には日本が台湾を領有する以前に現地で行われていた方式として「覆土法」が紹介されている。松浦と篠田（前掲書〔注1〕）は、世界における「覆土法」の技術伝播の視点が主であり、日本の「覆土法」についての言及はほとんどない。なお、研究の視点などの相違については、本論各章において適宜指摘していく。

3）Noel Deerr, *The History of Sugar, Vol.1*（London: Chapman & Hall, 1949）, p.109.

> Claying was the process of covering the upper surface of the impure magma of crystals and molasses, contained in an earthenware cone, with a layer of wet clay, whence the water percolated slowly through the material, displacing the molasses.

戴国煇著『中国甘蔗糖業の展開』（アジア経済研究所、1967）105-106頁

> 赤い泥を圜の砂糖の上に塗って封ずる。この泥の中の水分は漸次結晶糖の間隔に滲透し、糖蜜を窩に洗い落す。

Sidney W. Mintz, *Sweetness and Power*（New York: Penguin Books, 1985）, p.235.

> The water in the clay, percolating downward, would carry with it much of the waste nonscrose, the molasses and other materials, leaving the base of the inverted sugar "head" or "loaf" white in color.

松浦、前掲書〔注1〕、240頁。

> 精製という言葉は、（中略）、碥の底の藁を詰めた小孔から、蜜・煎糖段階で除去しきれなかった不純物を滴下し、結晶がより多く固まってくれば、上部を水を含んだ土で覆って、その水分の少しずつの滲出により、さらに残留している蜜を洗い流す、そんな過程を指すものである。

Christian Daniels, "Agro-industries and Sugarcane Technology", Joseph Needhm（ed）. *Science and Civilisation in China, Vol. 6, III*（Cambridge: Cambridge University Press, 1996）, p.393.

> The Chinese do not seem to have used anything else but wet clay for this process, and the quality of the clay does not seem to have mattered. This reinforces the concept that the action of claying was washing and not the adsorption of impurities

onto the clay particles.

　　植村、前掲書〔注1〕、252-253頁。

　　　　瓦溜に入れた白下糖の上部表面を、粘土質の土と水を混和した泥土で覆うと、粘土の水分が徐々に白下糖に浸透して分蜜と脱色が進む。瓦溜内に甘蔗糖結晶が残り、瓦溜底の穴から糖蜜が下り落ちる。

　　ダニエルス、前掲書〔注1b〕、138頁。

　　　　蔗糖結晶をおおうように残留している糖蜜を、その粘土に含まれる水分が洗い落とし、瓦溜中には白くなった砂糖が残る。

4）1749年から1750年にかけてベトナム中部に滞在したピエール・ポイブレが指摘している。（1-1-3〔注15〕参照）

5）篠田、前掲書〔注1〕、84〜85頁。

　　　　天工開物に於ける糖霜譜よりの前進は、白糖の製造である。濃縮した汁液を素焼瓶（瓦漏）に収め、大部分の糖蜜をば素焼に吸着させ、並びになお残る糖蜜は、瓦漏の底の小孔からしたみ出さす。この上に粘土水をあけ、結晶間に粘着している糖蜜を、粘土層に移行吸着させるのである。

6）桂、前掲書〔注1〕、71頁。

　　　　ただ、尾張伝・田村伝・池上伝（尾張での方法、田村元雄の方法、池上太郎左衛門の方法である。筆者割注）のいずれも、白砂糖をつくるには、「晒し土」「黄土の滑泥など」「赤土」などをぬり、蜜をそれぞれに吸収させるという中国流の泥土脱色法が用いられている。

7）松浦、前掲書〔注1〕、381頁。

　　　　桂氏は、「ただ、尾張伝・田村伝・池上伝のいずれも、白砂糖をつくるには、"晒し土""黄土の滑泥など""赤土"などをぬり、蜜をそれぞれに吸収させるという中国流の泥土脱色法が用いられている」（『日本糖業創業史』71頁）と述べているが、中国流泥土脱色法というのは覆土に蜜を吸収させるというものではなくて、覆土の水分を少しずつ滲出させて、瓦溜内白下になお残留付着している蜜を、洗い流すというものである。

8）Sidney. W. Mintz, *op.cit.*, p.235.

　　　　Though the term "muscovado"（mascabado, moscabado, etc.）survives to describe some contemporary less refined brown sugars, "clayed" sugar is no more.

## 2. 研究の方法

　食物史の研究は、食物はそのもの自身が資料として残りにくいという性質があるので、文字資料を中心とした研究が主とならざるをえない。しかし、文字で現れる食物名がどのようなものであったのか、過去の食物を探ることは極めてむずかしい。それは、現在確認することの出来る食物名であっても、当時とは様相が変わっている可能性を常に考えなければならないからである。作り方が記されている史料を検討することによって、はじめてその食物の実体に近づくことができるものと考える。

　この研究で取り上げる砂糖も同様である。

　現在の砂糖は大規模な工場生産が主流であるので、このような工場のなかった江戸時代と、同じサトウキビから作る砂糖が同じようなモノであったか否かをまず検討する必要がある。そのためには、いつ頃からどのような方法で我が国において砂糖を作っていたのかを明らかにすることが必要である。

　本論において、研究の方法は、江戸時代に記された史料を中心とし、未刊一次史料の発掘を試み、先行研究者が利用している史料についても新しい解釈を行った。すでに翻刻がある史料に関しては原典を確認し、修正して使用したものもある。そして、付論としたベトナムの民族事例もオリジナル一次資料として引用した。

　付論において、我が国では現在行われていない「覆土法」の民族事例を、江戸時代に砂糖を輸入していた国でもあるベトナムで採録することが出来、「覆土法」の概略を把握した。この事例研究を、江戸時代に我が国で行われていたことを示す史料の解釈に役立てた。

　資料において、補足的に現在我が国で行われている伝統的な「和三盆」の製法などを採録した。

第1章　序　論

## 3.　用語の説明

砂　糖　　史料では、広義の一般名称として使用されている。史料によっては「沙糖」「沙餹」の文字が使われているものもあるが、そのまま史料に忠実に表記した。また、史料に使用されている固有名称がない場合、及び適切な用語がない場合をはじめとして、広義に砂糖の用語を使用している。

黒砂糖　　史料では一般名称および固有名称として使用されている。
　　　　本稿では一般名称として使用し、史料が記す固有名称を指して使用する場合には「　」を付している。また、分蜜を全く行わない砂糖を黒砂糖と定義する。したがって一度でも分蜜操作を行っているものは、色は黒色を帯びているものであることが予想されても、黒砂糖の名称を使用しないことにしている。

白砂糖　　史料では、広義の一般名称として使用されているものが多い。史料に現れる分蜜を行う砂糖の固有名称は「白砂糖」「次白砂糖」「並砂糖」「臼砂糖」「大白砂糖」「太白砂糖」「雪白砂糖」「三品砂糖」「三盆砂糖」「三本砂糖」など様々あり、その分蜜・脱色の程度によってもその白さが異なっていたと考えられる。本稿では広義の一般名称として使用し、史料が記す固有名称を指して使用する場合には「　」を付している。

蜜　　　　結晶が析出したあとの黒色成分を含む糖蜜は、モラセス（molasses）といわれるが、江戸時代の史料を扱う本論では、史料に従い蜜と記した。付論のベトナムの民族事例では、モラセスを使用した。
　　　　なお、サトウキビ汁を煮詰めた濃縮糖液を完成品としたシロップ（syrup）があるが、それが明らかである場合は、本稿ではこの蜜に関して糖蜜と記すことにしている。

白下糖　　白砂糖の下地という意味である。釜から濃縮糖液を取り上げ自然冷却後、ショ糖の結晶が析出し黒色成分を含む蜜との混合状態の砂糖をいう。流動性を持っている状態のもの、半固化状態のもの、固化

27

状態のものがある。なお、分蜜を行う前の状態の砂糖にこの用語を用い、一度でも分蜜操作を加えたものには使用しないことにしている。

甘　蔗　　史料に従う場合、甘蔗と記した。現代における表現や、まとめと考察においては、植物名をカタカナで表記する慣習、及び甘藷と同音語であることから『作物学辞典』（朝倉書店、2002）に従い、サトウキビの用語を用いる。

ショ糖　　サッカロース、スクロースともいう。『岩波理化学辞典　第5版』（岩波書店、1998）に従い、本稿では「ショ」をカタカナで表記する。

瓦　漏　　逆円錐形に素焼きされた、植木鉢のように底に穴の開いている分蜜
（とう　ろ）容器のことである。江戸時代の本草学者などが参照した中国の技術書『天工開物』には瓦溜の文字が使用されているので、田村元雄『甘蔗造製傳』、平賀源内編『物類品隲』でも瓦溜が使用されている。瓦漏、陶漏、糖漏などの字を当てている史料や「とうろう」「とうろ」というひらがな書きもみられる。
　　　　　また、同様の容器を「晒瓶」「素焼きの壺」と表現している史料もある。木村又助『砂糖製法記』には瓦漏の字で、「とうろ」とルビがふられているので、この用語を本稿では統一的に採用することとする。

「和三盆」　現在も香川県と徳島県で作られている砂糖の名称とし、「 」を付けて記した。「三盆」「三本」「サンボン」という名称が江戸時代の史料に見えるが、現在の「和三盆」のような技術によって作られた砂糖を指しているとは限らない。この語源には諸説あるが、名称と砂糖の様相が現在の「和三盆」と江戸時代の「三盆」とは違う可能性がある。

第 1 章 序 論

## 4. 凡 例

　本論において、主として注で使用している古文書の翻刻については、原典の文字を忠実に翻刻することを心がけ以下のように表記した。

1. 変体仮名は平仮名にし、ただし助詞に関して「江」「者」「盤」「茂」「毛」「与」「而」は変体仮名のままで表記した。
2. 旧字、異体字も可能な限り、原典のままにした。
3. 合字はそのまま表記した。
4. 畳字は、漢字には「々」、平仮名には「ゝ」、片仮名には「ヽ」を使用し、「〱」は「〳〵」で表記した。
5. 改行は必ずしも原典と同じではなく、割注においても同様である。
6. 文字の大小は、原典に近く心がけた。
7. 文中には読点と並列点を付した。原典にある「 。」はそのまま記した。

## 5. 本稿の構成

第1章の序論において、世界における分蜜法を概観し、「覆土法」が行われていた地域を示し、8代将軍吉宗の殖産政策を受けて我が国が砂糖生産に取り組みはじめた享保年間には、「覆土法」による分蜜法が研究されていたことを確認する。

第2章から第6章までは、殖産政策によって幕府では砂糖生産の研究が行われていたので、幕府の対応を軸として、我が国の砂糖生産の時期を5期に分け、それぞれ1章としてまとめた。その5期の時期と構成は以下のとおりである。

第2章第1期は、宝暦4（1754）年に尾張藩が長崎の砂糖製作人慶右衛門を召し抱え、その慶右衛門から伝授された長府藩が宝暦6年から7年にかけて幕府方に白砂糖製法を伝授した宝暦年間前期とした。慶右衛門の伝法と考えられる方法と、長府藩内田屋孫右衛門が行っていた方法の実態を明らかにする。

第3章第2期は、本草学者、物産家や医者などによる砂糖生産の技術書が著された宝暦年間後期とした。宝暦11年、医者で本草学者でもある江戸の田村元雄が製作した砂糖を幕府方に見せたところ、その年の冬から売り広めるようにいわれた。これは江戸近郊を中心とした砂糖生産への取り組み時期であったと考えることが出来る。平賀源内や後藤梨春などの師であった田村元雄の製法を中心に検討し、田村元雄の宝暦年間後期からの製法の研究推移を明らかにする。

第4章第3期は、幕府への田村元雄からの推薦で、実際の砂糖製法技術指導者となった武蔵国名主池上太郎左衛門幸豊が、試作に成功した明和3（1766）年から4年の方法と、幕府から白砂糖製作を命じられて見分を受けた天明2（1782）年から3年の方法を明らかにする。そして上大白砂糖製作に成功する天明4年までを追う。幸豊は廻村伝授という方法で安永3（1774）年、天明6年、天明8年に甘蔗の植え付けと砂糖製法の技術的指導を行い、また水戸家、紀伊家、高松藩士などにも在所にて伝授を行った国内生産の普及・指導者である。この第3期は幸豊の製法が一応の成功をみるまでとした。

第5章第4期は、池上太郎左衛門幸豊が、寛政元（1789）年に土佐藩士馬詰親音へ、寛政2年には幕府の官吏木村又助にも伝授を行った寛政年間とした。木村又助は寛政9年に幕府方による初めての砂糖製法技術書『砂糖製作記』を版行した人物である。寛政年間に幸豊と又助が採っていた製法を明らかにする。この時期は、幕府自らが積極的に砂糖生産技術伝授に動き始めた時期と位置づ

けることができる。

　第6章第5期を、寛政年間の幕府の積極的な砂糖生産化を受け、全国に本格的な広がりをみせた時期とした。幕府が文政元 (1818) 年、天保5 (1834) 年、天保13年に本田畑へのサトウキビの植え付けを禁止した背景は、国内生産が本格的に軌道に乗りはじめたことを示している。時期は享和年間から天保年間とし、土佐へ伝授されたと考えられる方法、讃岐で行われていた方法、大蔵永常が記した方法から、砂糖生産発展期における技術的展開の実態を明らかにする。

　第7章を結論とし、我が国が取り組んできた「覆土法」についてまとめ、製糖技術史上の位置付けを明らかにする。

　さらに第8章を付論とし、ベトナムで行われている「覆土法」による砂糖生産の民族事例の工程を採録して科学的な説明を加える。

以上が本稿の構成である。

# 第2章

## 白砂糖生産　第1期
### 宝暦年間前期の方法

# 第1節　尾張藩における白砂糖生産法

## 1.　はじめに

尾張藩では宝暦4（1754）年に、長崎出身の慶右衛門を砂糖製作人として金10両3人扶持で召し抱えている[1]。慶右衛門の名は、明和元（1764）年に後藤梨春が記した『甘蔗記』にみることができる。慶右衛門は、長崎の唐人屋敷に滞在していた盧思明が砂糖製法を行っているのを見てその方法を習得し、まず長門国安岡でその製法を伝授し、その後江戸へ出て広めようとしたが、江戸ではサトウキビの栽培も未だに研究段階にあったので、白砂糖を作ることは難しいと考え、尾張へ伝授したとされる[2]。

本章第2節で扱う『長府御領砂糖製作一件 宝暦六年』にも、慶右衛門は長府及び尾張へ伝授した人物として名が挙げられている[3]。

尾張における実際の生産者については、宝暦11年以降に本草学者で医者でもあった田村元雄が記した『甘蔗造製傳』に、知多郡地中村、伊久志（生路）村原田喜右衛門（喜左衛門）、大野村平野惣右衛門の2名の名がみえている[4]。後藤梨春『甘蔗記』には、知多郡大野の惣右衛門、幾地（生路）の喜右衛（喜左衛門）、平島の安右衛門の3人の名がある[5]。池上太郎左衛門幸豊が田村元雄の製法として筆写した「砂糖製法勘弁」には、寺中村・伊久志（生路）村庄屋役として原田喜右衛門（喜左衛門）のみの名前が挙げられている[6]。平賀源内編『物類品隲』には地中村原田某とだけある[7]。以上のように、尾張藩領において3人の人物が、宝暦年間には砂糖生産に着手していた。

これらの3人については、すでに多くのことが明らかにされている。

平島の安右衛門は細井平州の兄である[8]。

大野村の平野惣右衛門は、天正10（1582）年、本能寺の変の直後、家康が大野の平野彦左衛門邸に泊り、岡崎に逃げ帰ったという由緒が伝えられている庄屋とされる[9]。

生路村の原田喜左衛門は、近年その画像も発見され[10]、後年にいたっても砂糖生産者として記録されている[11]。宝暦7（1757）年には、幕府に喜左衛門作の砂糖が献上されている[12]。（図2-1-1、2-1-2）

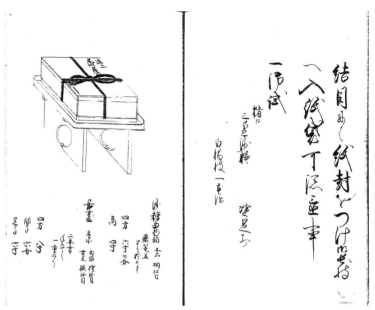

2-1-1　尾張藩から幕府へ献上した砂糖の外装
（『禮物軌式　秋』徳川林政史研究所蔵）

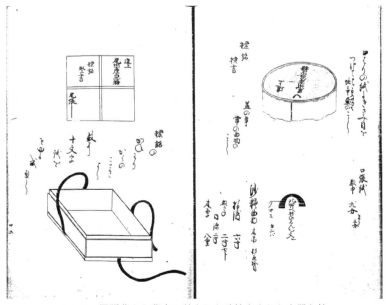

2-1-2　尾張藩から幕府へ献上した砂糖を入れた容器と箱
（『禮物軌式　秋』徳川林政史研究所蔵）

## 2. 史料と背景

　尾張での方法については、先に挙げた本草学者らの書物に若干記録されている。しかし、栽培に適する土地や一坪あたりに何本苗を植えるかなどの栽培法、サトウキビの茎を圧搾する道具、圧搾汁の煮詰めと糖液の清浄についてであり、その後に行う分蜜法についての記述はない。「覆土法」に関する記述は、川崎市市民ミュージアム蔵の池上家文書「糖製秘訣」があり、「尾陽何某傳」として『砂糖製法秘訣』に所収されている。尾陽とは尾張のことであるので、この史料は、尾張の誰かの伝法[13]を明和7年正月に、池上太郎左衛門幸豊と思われる人物が筆写したものである[14]。

　「糖製秘訣」は、サトウキビの栽培法から分蜜法に至るまでが記されている技術指南的な部分と、尾張の地域性に基づいた製法の記述、及び尾張大野での実際の製糖記録によって構成されている。

## 3. 「糖製秘訣」の作者

　「尾陽何某」を大野村の製糖人として先の史料に名前が挙がっている平野惣右衛門と考えることもできるが、「尾州＿而者」[15]「尾州程之」[16]「尾州＿而之積ハ」[17] などと、地域性を客観的にみている記述がみられるので、尾張にずっと住んでいる人が書いたとは考えにくく、本史料は、他の地域を知っている人物によるものと考えられる。

　また本史料には、伝聞や観察記録的な要素はみられず、実践的な製法が細かく記されており、筆写された本史料のオリジナルは、砂糖製作技術者自身によって書かれたものと考えられる。

　宝暦4年10月14日と27日の尾張大野における製糖記録には、両日ともにサトウキビ100本の茎を圧搾して得られた糖汁の量、加熱濃縮後に固化させて得られた白下糖の重さが製作記録として記されている[18]。しかし、砂糖製作は1日で終わるものではなく、その後に行う分蜜工程については、予測としてのものを含んでいる。「覆土法」を行って「大白砂糖」が一升あたりにどの位出来たかという数量を、記録者が後に記そうとしていたと考えられる空欄が設けられているのである[19]。（写真2-1-3）

　また「糖製秘訣」には、製作年月日の記述はないが、刈り取りが遅れて茎が腐ってしまったサトウキビから製作した糖汁の煮詰め、糖液清浄の「薬」[20] の

加減、及び結晶化の状態が記録されている。良いサトウキビと同量の「薬」を使用した場合には、結晶化が起こらず、「薬」を5割増しにした場合は、20日程経ってからやっとザラリと結晶の目が出てきたとある。しかも、その結晶の状態は、通常の砂糖のように瓦漏の上部からしっかりと固まってはいなかった。そして、日数が経って来春には結晶化の状態は、良くなっているのではないかということが、予測的に記されている[21]。

以上のことから、これらの記述は、晩秋から冬にかけて行った実録と考えられる。

長崎出身の慶右衛門が尾張藩に召し抱えられたのが、先述のように宝暦4年11月である。「糖製秘訣」の製糖記録は宝暦4年10月14日と27日以降のことであるので、時期的にみて近い。したがって製糖記録は、慶右衛門が尾張藩に召し抱えられる前後に、試作披露として行った方法であったのではないかと考えられる。

そして技術指南的な記述は、慶右衛門が経験として知っている製法技術ではなかったかと考えられ、尾張の地域性に基づいた製法の記述は、長崎出身で長府藩へも製法を伝授していたからではないかと考える。

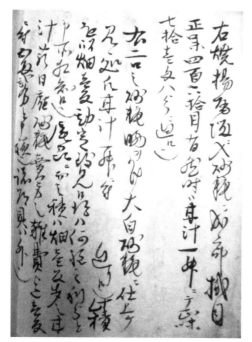

2-1-3　5行目に空欄が設けられている（「糖製秘訣」『砂糖製法秘訣』池上家文書　川崎市市民ミュージアム蔵）

以上のことから、「尾陽何某」とは、尾張にいる尾張出身でない砂糖製法技術者である慶右衛門のことであり、その慶右衛門が「糖製秘訣」の作者であると考察する。


## 4.「糖製秘訣」に記されている技術指南的な部分

(1) 分蜜法は、以下のように記されている。

1.　濃縮糖液を「瓦溜」(瓦漏) に入れ、熱湯を一杯飲むほどの時間が経ったら、幅1寸5分程、長さ2尺程の、先が薄くなっている薄板の箆で、「瓦溜」(瓦漏) の縁を静かに4回ほど突き混ぜる。「瓦溜」(瓦漏) の中央は決して突き混ぜてはいけない。

2.　しばらく経ってから同様に突き混ぜる。このように箆を入れることを4回程繰り返すと、徐々に砂糖の結晶が現れてくる。

3.　2、3時そのまま置いておくと、全体に結晶化が進行し、しっかりと固まる。しかし、蜜を含んでいるので粘りがあり、2日程経ったら「瓦溜」(瓦漏) の底の (穴に入れてある) 栓を抜いて、蜜を垂らし、(瓦漏の) 下に置いてある容器で受ける。

4.　このまま4、5日置いて、上部に晒し土をかける。

5.　約7日程置いておくと、晒しをかけているので蜜はさらに垂れる。上に置いた土は乾くので、自然に土と砂糖とが離れて (土は) カラカラになる。この時に、一番晒しの砂糖を (瓦漏の中から) 取り揚げる。(取り揚げた砂糖は) 湿り気があるので、一両日陰干しする。

6.　再び晒しをかける方法、取り揚げ方は一番晒しと同じようにするが、二番晒しから「薬」を土に合法して (砂糖の上に土を) かける。

7.　晒す方法は二番晒しと同じようにして、大概三番四番まで (晒しを) 行って、瓦溜 (瓦漏) から残らず (砂糖を) 取り揚げる[22]。


(2) 瓦漏について

1.　「瓦溜」(瓦漏) は、尾張では常滑で焼く素焼きの真焼きの壺である。

2.　底に開いている穴に栓を挿して、煮詰めた濃縮糖液を入れ、固まったら底の栓を抜いて、蜜を去る。

3.　「瓦溜」(瓦漏) の口径と高さの比率、大小の大きさは、その時々に対応させる[23]。(写真2-1-4)

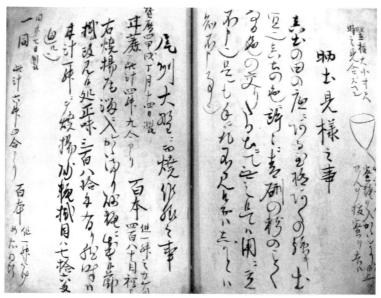

2-1-4 右端に瓦漏の図と説明がある。その横は「覆土法」に使用する土に関しての記述で、左ページは宝暦4年尾張大野での製糖記録である(「糖製秘訣」『砂糖製法秘訣』池上家文書 川崎市市民ミュージアム蔵)

(3)「覆土法」に使用する土について
1. 真土の田の底にある、とてもアクの強い土が良い。
2. 真土の色に、所々に青硼の粉のような色が混じっている土で、それがなければ用に立たない。
3. (土の選択は)手に取って見なければ、はっきりとはわからないことである[24]。

以上のように、瓦漏に濃縮糖液を直接入れて「重力法」によって分蜜し、その後「覆土法」によって分蜜することが記されており、「覆土法」に使用する土も、特別な土であった。

## 5. まとめと考察

製糖記録に記されているように、サトウキビの刈り取りが遅れて茎が腐ってしまうと、結晶化が起きにくく、煮詰め工程において「薬」を多く入れると20日程してから結晶が出現したものの、瓦漏内全体が、しっかりと固化している

第 2 章　白砂糖生産　第 1 期

状態ではなかった。結晶化後、白砂糖を作るために分蜜する工程において、サトウキビの刈り取り時期は、結晶の析出を左右する条件として重要であったと考える。

「覆土法」に使用する土は、田の底の土である。田の底の土を使用することは、ベトナム中部における民族事例でも同様であった[25]。そして、自然と土と砂糖が離れるまで土を乾かすという共通点もあった[26]。

青硎の粉というのは、青い砥石の粉という意味である[27]。青砥石の粉のような色が混じっている土でなければ用に立たないとしていることは、この鉱物が脱色に関与した可能性を示唆している。あるいは、青砥石は形容詞的に使われているので、色の目安として青色系の鉱物が混じっているということであったのではないかとも考えることができる。

また、田の底の土はアクが強い土が良いとしている。そして 1 回目の「覆土法」が終わって、逆円錐状の砂糖の最上部の砂糖を取り出し、その下の部分に行う 2 回目以降の「覆土法」に使用する土には「薬」を合わせるとしている。瓦溜の中で固まっている砂糖は、上部から重力によって蜜が移動してくるので、下部になるほど蜜が多く、したがって色も濃い。蜜が多く含まれている部分の脱色に使用する土には、「薬」を合わせることが必要と、本史料では述べられている。


〈文献と注〉

1)　「職人ノ四」『藩士名寄　一三七』名古屋市逢左文庫蔵

　　　　　　　　　　　　砂糖製作人　　崎右衛門

　　　　御切符十両

　　　　御扶持三人分　　　　　　　慶右衛門

　　　宝暦四戌十一月砂糖製作人ニ被　召抱金拾両御扶持三人分被下置

　　　同六子閏十一月十一日崎右衛門与改名

　　　明和五子四月廿八日病死

2)　「甘蔗記」『砂糖集説』所収、国立国会図書館蔵

　　　（前略）享保の始めつかた南京より盧思明といふ華人肥前長崎の津に商船に乗り、清館逗留の間黒砂糖を製し白砂糖となしけり、此法は黒白製の法と名付て中華にても殊の外秘事とするよし、此時節長崎の土人に慶右衛門といふ備人彼盧思明か黒白製の時、常に釜の火を焚けるかいつとなく彼製法を見とり、自分にも製しけるハ長崎にて黒白製の法傳授したる由、（中略）、盧思明長崎にて他人に傳授せし覚もなけれども、彼慶右衛門黒白製の仕方にて始より白砂糖に製する工夫の術を仕出し、長門國安岡にて初て此法を傳える、殊の他出来よろしきゆ

41

へ、又江都に下り傳へ弘めんとしけるに、其頃江都にて砂糖黍の植作りいまだ詳かならず、白砂糖出来兼ける故、又尾州に往き傳けるに、此地甘蔗に相應せるにや出来甚よろしく國君にも献しける、其後國君よりも殊に土地宜し地面を見立仰出され、御領地智多郡に仰付られ数多作らせられ、智多郡大野の惣右衛門、幾地の喜右衛[門]（ママ門抜ヵ）、平島の安右衛門と云ふ耕作甚鍛錬者に、ことに多く作らせらる、其後此三人慶右衛門傳を聞、其上三人いろ〜□夫を付、白砂（虫損工ヵ）糖氷砂糖まで至極の上品に製し出しける、三品なとゝいふ砂糖に至てハ中華よりいたし来る白砂糖よりハ遥かに勝りたると云ふ、（後略）

3）『長府御領砂糖製作一件　宝暦六年　三』山口県文書館蔵

上野市右衛門ニ江内田屋孫右衛門夜話

（前略）唐人三人渡海、於長崎稽古被仰付候而、於江戸段々製作有之候へ共、思召儘ニモ不相成候由、岡田丈助・池永軍八共者　御前ニ江茂被召出製作仕候者之由御座候、孫右衛門師匠者右唐人ゟ之傳、長谷川慶右衛門与申候、孫右衛門砂糖一事を心懸、於長崎銀五貫目ほと費シ、手遣を以、砂糖黍之苗手ニ入候、御届所ニ江者届候而之事之由、尾州様ニ者十二ケ年以前ゟ砂糖之儀御取立之御慮有之、慶右衛門被召呼候而弥被仰付候、孫右衛門砂糖半間之由、尾州砂糖奉行ハ松平太郎右衛門与申候、慶右衛門被召抱、五人扶持ニ金十両被下候、中納言様御目見を茂被仰付候、慶右衛門事尾州ニ候様々孫右衛門事口入世話ニ而仕立候様ニ申候、夫ニ付尾州ニ江未参先ニ孫右衛門兄弟三人者疾傳授相済シ候、（後略）

4）田村元雄『甘蔗造製傳』東京都立中央図書館蔵

（前略）また尾州智多郡地中村伊久志村原田喜左衛門　大野村平野惣右衛門なる者有。寂甘蔗煎煉の法を得たり。（後略）

5）注2参照

6）「沙餹製法勘弁」『砂糖製法秘訣』所収、池上家文書　川崎市市民ミュージアム蔵

（前略）智多郡ノ内ニテ寺中村・伊久志村庄屋役原田喜右衛門ト申者、近年沙餹ノ製法仕覚申候、（後略）

7）平賀源内編『物類品隲』、国立国会図書館蔵

造ル糖ヲ之法

（前略）本邦ニテハ近世尾張智多郡地中村原田某其ノ法ヲ傳テ是ヲ製ス（後略）

8）『東海市史 資料編　第三巻』愛知県東海市、1979年発行には、細井平州が砂糖製作の出願に関して、兄安右衛門と深谷伝蔵に宛てた書簡が所収されている。また、詩作の中にもサトウキビのことが出ている。細井平州と砂糖生産に関する人物については、小野重伃『嚶鳴館詩集』朝日新聞名古屋本社編集製作センター製作、大日本印刷、1990、322-326頁、篠田嘉夫「尾張藩と製糖事業」『郷土文化』第53巻第2号、名古屋市郷土文化会、1998年、5-7頁、早川佳宏「知多歴史トピックス（二）知多は白砂糖の製糖発祥の地か」『郷土文化』第53巻第2号、名古屋市郷土文化会、1998年、

20-27頁、桂（1-2-1〔注1〕、63-64頁）、植村（1-2-1〔注1〕、84-85頁）、谷口（1-2-1〔注1〕、404-405頁）が言及している。

9）早川、前掲書〔注8〕、12-15頁。他に篠田、前掲書〔注8〕、5-6頁にも平野家について紹介されている。

10）篠田、前掲書〔注8〕、1-2頁。

11）篠田、前掲書〔注8〕、7-8頁、早川、前掲書〔注8〕、10-12頁、17頁。

12）『禮物軌式　秋』徳川林政史研究所蔵

　　　　一、三盆沙糖　一曲

　　　　　　一、公辺<sub>江者</sub>尾州之産白砂糖を御届有之候、右<sub>者</sub>年々女使を以御内々御献上有之筈、宝暦七丑年御下地知有之候事、（中略）

　　　一、三盆砂糖<sub>者</sub>、尾州智多郡生路村百姓原田喜左衛門製候、十一月御献上之御品<sub>ニ</sub>候間、（中略）

　　　　　　一、公方様・右大将様・御台様・御簾中様<sub>江</sub>御献上<sub>ニ</sub>付、御試并撰屑之分見積を以、年々壱貫三百五拾匁御指下之事、

13）「糖製秘訣」『砂糖製法秘訣』池上家文書所収、川崎市市民ミュージアム蔵

　　　　　　　　　糖製秘訣　尾陽何某傳

　　　一、二月彼岸半より前年伏セ置候甘蔗苗を土中より取出し候得者、（後略）

なお、桂は、この史料を「尾張伝」の技術として扱っているが（桂、1-2-1〔注1〕、65-72頁）、植村は池上太郎左衛門が入手した情報もしくは彼独自の技術を著したとしている（植村、1-2-1〔注1〕、84頁）。そしてさらに植村は、幸豊が筆写した明和7年正月頃までに達成した一定の成果をあらわしているものと考えられるとしている（植村、1-2-1〔注1〕、225頁）。篠田も一部本史料を紹介している（篠田、前掲書〔注8〕、6頁）。技術史の立場で使用しているのは桂と植村であるが、本節で論じる視点には言及がない。

14）注13と同史料

　　　　　　　　加減之事

　　（前略）右両様之加減ハート加減見候間之前後遅速之違也、可秘々々

　　　　明和七庚寅年春正月写之

15）注13と同史料

　　　　　　甘蔗刈取<sub>并</sub>苗伏<sub>セ</sub>候事

　　（前略）尾州<sub>ニ</sub>而者、土地之寒暖<sub>ニ</sub>而はぢ紅葉の蔭葉いたし、梢に纔四五葉残り居り候時、至極之時節<sub>ニ</sub>而候、（後略）

16）注13と同史料

　　　　　　甘蔗刈取<sub>并</sub>苗伏<sub>セ</sub>候事

　　（前略）尾州程之寒暖之土地気候<sub>ニ</sub>候得者、（後略）

17）注13と同史料

　　　　　　　　尾州大野ニ而焼作様之事

　（前略）尾州ニ而之積ハ、畑壱反歩之甘汁薪日雇砂糖売方之雑費迄、壱反ニ付五両

　　弐分と申積也、諸道具ハ他也、

18）注13と同史料

　　　　　　　　尾州大野ニ而焼作様之事

　　宝暦四甲戌十四日製

　　一、甘蔗此汁四升九合アリ、　百本　　　但一升之カケ目
　　　　　　　　　　　　　　　　　　　　四百八十目裡アリ

　　　　　　右焼揚瓦溜ニかたまり入ニ砂糖ニ成候節、掛ケ改見候処、正味三百八拾匁有り、

　　　　　　然時ハ甘汁一升ニテ焼揚砂糖掛目ハ七拾六匁ニ廻ル也、

　　同廿七日製

　　一、同　此汁六升四合アリ、　百本　　　但一升之かけ
　　　　　　　　　　　　　　　　　　　　め右同断

　　　　　　右焼揚瓦溜ニ入砂糖ニ成候節、掛目正味四百六拾目有、

　　　　　　然時ハ甘汁一升ニテ正味七拾壱匁八分ニ廻ル也、

　　　　　　　　　右二口之砂糖、晒ヲかけ大白砂糖ニ仕上ケ見候処、

　　　　　　　　　凡甘汁一升ニ付　　　廻リ候也、此積を以畑壱反勘定致見候得ハ、

　　　　　　　　　何程之利分と申所相知候也、（後略）

19）注18と同史料

20）尾張では「薬」のことを「ちんミ貝」と言っているという。

　　注13と同史料

　　　　　　　　　　薬之事

　　一、尾州ニ而者ちんミ貝と申物也、此貝を水ニテ能々あらひ塩気をさり焼テ粉ニ

　　　　　して遣也、此薬大秘伝也、口授在之也、

21）注13と同史料

　　　　　　　　甘蔗砂糖前後出来之事

　　一、苅取後レ茎ノ芽くさり候而ルのため百四拾本と百五拾本と両度焼候、

　　　　寔初百四拾本之方ハ、鍋の中ヘ入候薬宜きひ同様ニ遣候、一夜中焼て澄し置

　　　　候而、翌日砂糖ニしめ候處、今にめ出来不申候、後ノ百五十本ハ鍋の薬五割

　　　　増、甘汁一升ニ六匁始終に遣候而暫くすまし置、即時に砂糖ニしめ候所、廿

　　　　日程過てさらりと目出来申候、尤本砂糖之如ゥうヘ ょしかとかたまり不申

　　　　候得共、日数ヲ経明春ニも至リ候ハヽ、可成もの砂糖ニハ可成候哉と被存候、

　　　　然ハ少々旬違ひ芽腐有之候而も、薬過分ニ遣候而澄しを手早ニ致候得ハ可成

　　　　之砂糖ニハ成可申候、尤日数を経捨置候事、

22）注13と同史料

　　　　　　　　甘蔗製作仕立上ケ迄之事

　　（前略）惣して瓦溜に入候而、熱湯一杯程呑ム間タして、幅一寸五分程長サ二尺程

　　先キ薄する如此形リの薄板乃篦を以瓦溜のふちを至極静に四篇程宛突キ交セす

る也、中ハ決而突交セぬ也、暫ヶ間を置、又以前之ことく突キ交ル也、如此する
事始終ニ而、四度程致せばそろ〳〵と砂糖のめといふもの見ル也、夫を二三時
相置候得者、こと〳〵く砂糖に成り候へハ、しつかりとかたまり候也、然共蜜
を持てねはり有之候故、二日ほと致して瓦溜の底のせんをぬき、蜜をたらし置
候得者、たり候分之蜜ハ下タのすけ物にたる、左様いたし四五日置てうへニ晒
し土をかける也、凡七日程置候得者、さらしかけ候故蜜余計ニたりてうへの土
乾候得者、自然と土ト砂糖トはなれから〳〵といたし候、此時一番晒しの砂糖取
揚ル也、しめりを持居候故、一両日之間陰干し、又さらしをかける仕方、取揚
仕揚ヶ方一番之さらしニ同前也、尤二番晒方薬を土ニ合法してかける也、さらし
かた二番さらし同前ニ而、凡三番四番迄ニ而、瓦溜方不残取揚仕廻ふ也、（後略）

23）注13と同史料

瓦溜之図

一、尾州ニ而ハ床滑といふ所にて焼キ出すすやきの真焼の壺也、

　　堅横大小寸尺、

　　時之見合ニスヘシ、

　　　　　　　　　　　　　此穴せんをさし、

　　　　　　　　　　　　　焼上ヶ蜜液ヲ入、かたまり候上ニテ
　　　　　　　　　　　　　せんヲ抜、蜜ヲ去ル、

24）注13と同史料

晒土見様之事

一、真土の田の底ニある至極あくの強キ土宜也、真土の色ニ所々ニ青硎の粉のこ
　　とくなる色の交りたる土ニて、無之候てハ用立不申也、是レも手ニ取不見
　　候而ハしかとハ知不申事也、

25）付論参照

26）付論参照

27）『和漢三才図会』によると、青色の砥石は包丁用で、山城国で産出されるものを上
　　品とし、丹波及び防州岩国で産出されるものがこれに次ぐとしている。

# 第2節　長府藩内田屋孫右衛門の砂糖生産法

## 1.　はじめに

　長府藩は、我が国の砂糖生産地の中で、尾張藩と並んで早い時期に砂糖生産が始められた藩のひとつである[1]。

　一方、享保年間の8代将軍吉宗による殖産政策の下で、幕府による砂糖製法が吹上御庭で試みられ、その後も続けられていたが、宝暦年間の初めには、まだ成功していなかった模様である[2]。

　本節は、そのような状勢の中で、宝暦年間に萩藩の支藩である長府藩で行われていた砂糖生産を明らかにすることを目的としている。

## 2.　史料と背景

　長府藩は、宝暦6（1756）年6月に藩主毛利文之助の名で、大坂で和砂糖一万斤を販売したい旨を幕府に伺いを立てた[3]。この伺いを受けて幕府は、吹上御庭の砂糖製作技術者を長府藩領へ派遣するので製法を伝授してほしいと、同年8月、逆に長府藩に通達してきた[4]。幕府方は、宝暦6年9月3日から翌年4月10日まで約7ヶ月もの間長府藩領に滞在し、サトウキビ畑の実地見分を行い、且つ砂糖製法を伝授された[5]。

　その間に行われた見分の経過は、これに立ち会った萩藩の『長府御領砂糖製作一件　宝暦六年』[6]（以下『一件』と記す）（写真2-2-1）にまとめられている。宝暦6年というこの時期は本草学者などが砂糖製作指導書[7]を著す以前であり、『一件』は観察記録、聞き書き、覚、往復文書の控えなどで構成され、長府藩で行われていた砂糖生産の実態を知るための史料として意味があると考える。

　以下、『一件』から、長府藩が幕府方の技術者に伝えたと考えられる砂糖生産について考察する。

## 3. 砂糖の種類を示す表現

『一件』には、砂糖の種類を示す言葉として、「黒砂糖」「並砂糖」「臼砂糖」「白砂糖」「上砂糖」「大白」「三品」「三盆」「銀砂糖」「氷砂糖」「蜜」「蜜之黒砂糖」「唐砂糖」「向砂糖」「渡り砂糖」「常之砂糖」「買砂糖」「和砂糖」が使われている。本史料は、多くの人物による聞き書きや文書などであるので、同一種類でも、人によって異なって使用されている名称もあると考えられる。

「和砂糖」は、国内で生産された砂糖の総称として使われている。

「唐砂糖」「向砂糖」「渡り砂糖」「常之砂糖」「買砂糖」という5種類の砂糖の表現は、中国船やオランダ船などによって輸入された砂糖と考えられる。あるいは、宝暦年間には薩摩藩ルートの琉球や奄美大島産などの黒砂糖が流通していたので[8]、その可能性もある。

これらの表現以外は、基本的には砂糖自体の色や状態、そして品質から名付けられた名称であると考えることが出来る。

江戸より派遣された萩藩の上野市右衛門[9]と、長府藩内で実際に砂糖を製作していた大庄屋内田屋孫右衛門[10]による問答からわかる、市右衛門が認識し

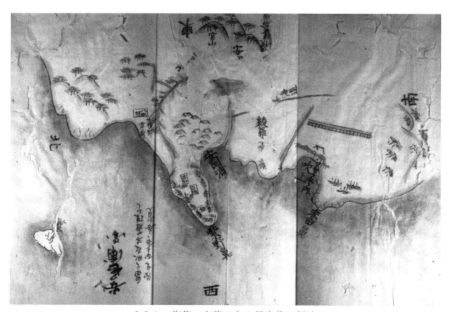

2-2-1　萩藩の支藩である長府藩の領地
(『長府御領砂糖製作一件　宝暦六年』山口県文書館蔵)

ている砂糖の名称と孫右衛門が使用している名称の相違、そして孫右衛門による砂糖製作の概要は以下のとおりである。

1. 「黒砂糖」を作ってから、「白砂糖」を作るのではなく、まず「並砂糖」を作る。煮始めは黒いが、それを晒して、白目の「並砂糖」を作る。11月にサトウキビを刈り取って圧搾し、20日間かけて「並砂糖」を作る。
2. 「並砂糖」から「大白」、その「大白」から「臼砂糖」を作るのではなく、「並砂糖」から「臼砂糖」を作る。はじめから「臼砂糖」を作るのではない。そして翌年の3、4月迄かかって「臼砂糖」を作る。
3. 「大白」と「臼砂糖」は、様相が異なり、「臼砂糖」が極上品である。
4. 「並砂糖」から「氷砂糖」を作ることが出来るが、「臼砂糖」とは、その様相が格段に違う[11]。

　孫右衛門は、「臼砂糖」が極上品であると言っているが、萩藩方の認識では、「三品」が極上品であった[12]。

　幕府方が長府から帰った頃にあたる、4月10日付けの萩藩益田隼人の書状には、三品砂糖も三臼出来た[13]とあり、萩藩方が認識している極上品の「三品」と、「臼砂糖」の品質は同等のものであったと考えられる。

　孫右衛門らが、販売を行っていたと考えられる砂糖の種類は、「並砂糖」「蜜之黒砂糖」[14]である。しかし孫右衛門が上野市右衛門へ、昨年は「並砂糖」しか作らず、一昨年は「並砂糖」の他に「臼砂糖」も少し作ったと述べている[15]ことから、極上品の「臼砂糖」を作る技術を孫右衛門らはもっていたと考えられる。

　そして孫右衛門兄弟二人が幕府方へ伝授したのは、「並砂糖」と「臼砂糖」の作り方であった。


## 4. 「並砂糖」について

　前項で述べたように、「黒砂糖」から「白砂糖」を作るのではなく、まず「並砂糖」を作ることが製作者孫右衛門の言葉として語られている。すなわち、「黒砂糖」を作るのではなく、直接「並砂糖」を作ると解釈できる。

　「並砂糖」の作り方には、2、3通りあったという[16]。それはどのような方法の違いであったのか。

　『一件』内からは、2通りの「並砂糖」の作り方が読みとれた。

48

『一件』には、製作場の図（写真2-2-2）と、製法の概要が記述されている箇所があり、この製法が「並砂糖」の第1の方法であったのではないかと考える。

その製法は以下のとおりである。

1. 「晒瓶」（瓦漏）は嬉野か筑前か尾州にて焼き、12貫目入りである。
2. 「晒瓶」（瓦漏）の底には、植木鉢の水が抜けるような穴が開いており、圧搾したサトウキビ汁を煎じて、薬を入れ、「晒瓶」（瓦漏）へ入れると固まる。
3. 「晒瓶」（瓦漏）の下の桶に落ちる雫は、蜜と言う。
4. 「晒瓶」（瓦漏）の深さは1尺で、1寸晒してはその部分をすくい取って、その跡を又晒し、それを繰り返して日を重ね、晒し取る[17]。

2と3は、サトウキビ汁を煎じた、濃縮糖液を瓦漏へ入れて、部分的に結晶化して固化するのを待ち、その後、瓦漏の底の穴に詰めた栓を取り除いて、結

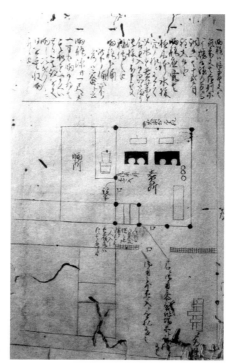

2-2-2　砂糖製作場の図。描かれている「晒瓶」の図より、『天工開物』に描かれているのと同様な容器を使用していたことがわかる
（『長府御領砂糖製作一件　宝暦六年』山口県文書館蔵）

晶の周りに存在している蜜が、「重力法」によって下に落ちるのを待つことを表していると考える。その結果、蜜に含まれている黒色成分も下に落ち、「黒砂糖」よりも黒味が少ない砂糖の固まりが瓦漏内で出来上がる。

4は、「晒」という言葉について「覆土法」を施したか否かの検討が必要である。

孫右衛門がいう「晒」には、「覆土法」を行わない分もあった[18]。この記事の記述者は誰であるかは明記されていないが、「晒」を「覆土法」と認識していた人物によるものであると思われる。それ故に、わざわざ、孫右衛門が言う晒しには土を懸けない分もあったと記しているのである。

また孫右衛門は、晒し損なったものは、「黒砂糖」にしかならないと言っている[19]。このことから、孫右衛門は「晒」と言う言葉を、広義に「分蜜」と言う意味で使っていると考えられる。

さて、先の問題にもどるが、この記録者は、市右衛門であった可能性が高い[20]。「其跡を又晒し」という表現から、何らかの晒す行為が再び行われていると考えられる。したがって、この記事の記述者は、「晒」を「覆土法」としてとらえていたと考えられる。

このように考えると、4については、固化している逆円錐状の砂糖の上部表面に土を置いて、砂糖の表面付近の分蜜された砂糖をすくい取り、その跡にまた土を乗せて「覆土法」を行って、またすくい取り、これを繰り返し行って瓦漏内の砂糖をすべて取り出すと解釈できる。さらに、「すくい」という表現から、まだ湿り気を帯びていた状態であったことが考えられる。分蜜と乾燥が進んでいれば、堅固状になるので、「すくう」事は出来ず、「削る」という表現を用いたと考えられる。

晒所には、瓦漏の他に、10斤晒し、8斤晒しという器物が有ることを市右衛門は観察しているが[21]、上部から徐々にすくい取った砂糖を入れた器物を指しているのではないかと考える。12貫目入りで、高さが1尺の瓦漏に入っている砂糖を、上からすくうと、おおよそ10斤、8斤と底辺部にいくにしたがって、すくい取った砂糖が少なくなっていくので、その器物ではないかと考えられる。

この場合の砂糖は、小さな塊状か砂状であったと考えられる。

第2の方法として、瓦漏内に存在する蜜が「重力法」によって下に落ちるのをある程度待ってから、固化している逆円錐状の砂糖の上部表面に最低一度「覆土法」を施す方法である。これは、閏11月4日に、「並砂糖」の見分が行われた時に、土を取り除く様子が観察されているので[22]、「覆土法」が明らかに一

50

度は行われていたことを示している。この時は、瓦漏の中に入っている状態の砂糖を見分しているが、その後、「干立」と「せり立」という表現があるので[23]、瓦漏の中から、固化している逆円錐状[24]の砂糖の塊を取り出して、壺などの上に差し込むように置くか、または何か固定する補助具を使用して逆円錐状の砂糖を固定させて、立てて干したと考えられる。

この場合の砂糖は、大きな逆円錐状の砂糖の塊のままであったと考えられる。なお、この方法は、ベトナムの民族事例で確認している[25]。


## 5. 「臼砂糖」について

4月までかかった「臼砂糖」の作り方について、具体的な記述がないが、10月に「買砂糖」から実験的に「臼砂糖」を作る事を記した記事によると、その購入した砂糖を煎じて瓦漏へ入れている[26]。この「買砂糖」の形状はわからないが、塊状か砂状であったとすると、煎じて糖液にしてから、瓦漏に入れる必要があったと考えられる。すなわち、「臼砂糖」作りには、瓦漏での固化を図ることが不可欠であったことが窺われる。そのことから、伝授の過程で作った「並砂糖」が小さな塊状か砂状であった場合（前記「並砂糖」の作り方第1の場合）、水に溶かして再煎し、再び瓦漏へ入れていたのではないかと考えられる。

一方、「並砂糖」が逆円錐状で固化した状態を完成とした場合、その逆円錐状の形状をそのまま生かして「臼砂糖」を作ったとも考えられる（前記「並砂糖」の作り方第2の場合）。

そして「臼砂糖」作りには「覆土法」が行われていたことは、「臼砂糖」作り用の土を見分している記事[27]から明らかである。

「臼砂糖」に使用される「臼」の呼称は、砂糖の形状に由来すると思われる。

筆者は、『一件』からみられる方法で、現在も砂糖生産を行っているベトナムの事例調査で、素焼きの容器に入れた、部分的に結晶固化した砂糖の上部中央に穴が開いているのを確認している[28]。中央部が陥没して凹状になっている形状から、「臼」という表現が生まれたのではないかと考える。

孫右衛門の弟吉大夫は、およそ「並砂糖」20斤から4斤の「臼砂糖」が一つ出来ると話している[29]。これは、「並砂糖」の5分の1が「臼砂糖」になるといっていると解釈できる。このことより、逆円錐状に固化している砂糖のうち、上部5分の1が「臼砂糖」となると解釈できないであろうか。逆円錐状に固化している砂糖の塊は、上層部から脱色化がされていくことを、ベトナムの事例でも

確認している[30]。

さらに吉大夫は、削り残しは「並砂糖」の善悪によると話している[31]。削り残しとは、「臼砂糖」の部分を削った残りの部分を指していると考えられる。すなわち、脱色化が進んでいる上部5分の1が「臼砂糖」として、5分の4が削り残りとなり、その品質が、「並砂糖」の善し悪しによって異なるということを指摘していると考えられる。

また、臼の大きさは好み次第になるとしている[32]が、瓦漏に入れる濃縮糖液の量が少なければ、全体が小さな逆円錐状で固化した砂糖の塊となり、臼状の上部部分も小さくなることが考えられる。あるいは、時間をかけて「覆土法」を行えば、極上品である「臼砂糖」の部分が増えてくると考えられる。

幕府方は、4月7日までかけて、晒し上げている[33]。そして、最終的に幕府方が得た「臼砂糖」は、「一臼十三四斤程」[34]であった。先の「並砂糖」20斤から4斤の臼が1つ出来る記事に比べて、かなり大きな「臼砂糖」を約5ヶ月かけて作ったことが確認される。


## 6. 「覆土法」について

本事例では、まず「覆土法」は、1種の「並砂糖」の製作工程および「臼砂糖」の製作工程に用いられていたことを確認した。次に、「覆土法」に使用された土と、その効果について、以下のことが明らかとなった。

### 1) 土について

10月18日と19日に、御家人衆は「臼砂糖」用の土の見分をしている[35]。しかし、どのような土であるのか、具体的には記されていない。見分したことから類推すると、特別な土であったと考えられる。

「並砂糖」用の土と、「臼砂糖」用の土が同じであったのか否かは不明である。「並砂糖」作りの過程の頃にあたる閏11月1日の箇所に、土がまだ乾いていない分（傍点筆者）という表現があるので[36]、水分を含んだ土を乗せていたのは確かである。しかし、水分量の目安となるような表現はない。

孫右衛門の弟吉大夫の言葉で、3月4月までに至らずに、早く晒すと、減目が多いと答えている箇所がある[37]。これは、水分を多くふくんだ土で何回も短い期間に「覆土法」を行うと、その水分がどんどん落ちていくことになるので、黒色成分を含む蜜のみならず、ショ糖の結晶分も溶解してしまうことを示していると考えられる。

## 2) 土の効果について

　閏11月1日に上野市右衛門が見た時には、7瓶に晒し土がすでに乗っていた。そして、土へ蜜を吸い取っているように見えたと記述している。この時の土は、干し反りとあるので、乾いていたことと、土が艶光りしていたのを観察している[38]。土の色は『一件』からは不明であるが、黒色成分を含む蜜が、乾いて反り返っている土の方へ吸い取られ、土の表面に艶があって光って見えたものと考えられる。（写真2-2-3）

　市右衛門は、同日他の瓶の様相も同時に観察していた。土がまだ乾いていない分もあり、砂糖の色は、濡れ砂色も焦げ茶色もあったが、黒味は見られなかった（傍点筆者）[39]としている。これは、土に含まれている水分の滴下によって、蜜の黒味が減少したのを観察したものと考えられる。

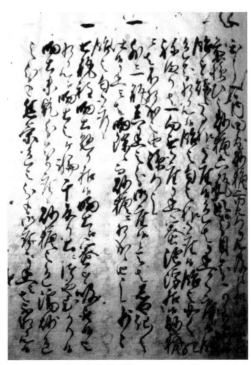

2-2-3　乾いていた土が蜜を吸い取っているようにみえたとしている観察記録（『長府御領砂糖製作一件　宝暦六年』山口県文書館蔵）

## 7. まとめと考察

　幕府方を長期にわたって長府に滞在させた大きな理由は、時間をかけて行う「覆土法」の技術によるところが大きいと考えられる。

　サトウキビを刈り取ってから、「並砂糖」作りには、約20日、さらに「臼砂糖」作りには5ヶ月を要していたことになる。

　本史料によって、我が国の砂糖生産の萌芽期には、栽培日数を除いて、約半年の時間を必要とする製法を行っていたことが確認された。

　前項でも触れたが、蜜を吸い取っているように見えたのが、すでに土が乾いていたものであったという観察記事から、土を乾かすことにも意味があったのではないかと考えられる。土が含んでいる水分の滴下効果によるゆるやかな洗浄を期待していたのであれば、土が反るほど乾くのを待つ必要はなく、土が完全に乾燥する前の状態で、改めて水分を含んだ土に替える方が効率的であると考えられるからである。

　覆土の水分は、ゆっくりと滴下して、固化した砂糖の方へ移動していく。この移動および自然乾燥によって覆土はやがて乾く。その結果、砂糖の塊の方には水分があって、土の方には水分がない状態になることが考えられる。この状態で起こりうることは、「毛管現象」を主とする作用によって水分を含んだ蜜が上昇して、乾いた覆土の方へと移動すると考えられる[40]。

　本史料を通じて、我が国において砂糖生産初期の段階の分蜜法は、「覆土法」を採用していたことが明らかであったとともに、その効果として、水分による洗い流しの他に、「毛管現象」を利用した方法でもあったことが明らかになった。

〈文献と注〉
1) 前節でみたように、宝暦四年の段階で、尾張藩では長崎出身の慶右衛門という人物を正式に砂糖製作人として迎えている（2-1-1〔注1〕参照）。本節で扱う史料も、長府藩の砂糖製作関係者は、この尾張藩の砂糖師慶右衛門から伝授されたとしているので（2-1-1〔注2〕参照）、同一人物と考えられる。
2) 本節で扱う史料『長府御領砂糖製作一件　宝暦六年』では、幕府側が砂糖製法伝授の要請を長府藩に出し、実際に伝授されていることが明らかであるので、砂糖製作に成功していれば、伝授の必要がないと考えた。
3) 『長府御領砂糖製作一件　宝暦六年　一』山口県文書館蔵
　　　　　　御用番江御伺書写

第2章 白砂糖生産 第1期

　　　私於在所、近年和砂糖拵申付候処、少々充出来仕候、然処右之砂糖、大坂用聞
　　　菓子屋共和砂糖申請、菓子に相用申度之儀、追々歓出申候、依之年分砂糖壱万
　　　斤内外茂、大坂ニ差遣申度奉存候、此段奉伺候、以上
　　　　　　　　　六月廿八日　　　　　　　　　　　　　　　　毛利文之助

4）注3と同史料
　　　　　　　　　御書付写
　　　　　　　　　　　　　　　　　　　　　　　　　　　　毛利文之助ニ
　　　其方領分ニ而、砂糖出来ニ付、右製法之儀為稽古、別帋書付之者共被差
　　　遣候間、製し方委ヶ伝授候様可被致候、
　　　　　　　　八月
　　　　　　　　　　吹上奉行支配
　　　　　　　　　　　　岡田丈助
　　　　　　　　　　　　池永軍八
　　　　　　　　　　差添
　　　　　　　　　　　御陸目付組頭
　　　　　　　　　　　　　伴勘七郎
　　　　　　　　　　　御陸目付
　　　　　　　　　　　　　田口八郎右衛門
　　　　　　　　　　　御小人目付
　　　　　　　　　　　　　持田只七
　　　　　　　　　　　　　瀧又四郎
　　　右之通罷越候事（後略）

5）注3と同史料
　　　　　　　　長府御領安岡浦砂糖製法為伝授
　　　　　　　　公儀御家人衆被差越候一件記録凡例
　　　　　　　　　　（前略）
　　　一、御家人衆九月三日赤間関着船、四日安岡浦罷越、（中略）方々者其甘黍株見
　　　分算ヘ悉附被之（中略）十月十一日より黍抜刈、内田屋孫右衛門砂糖製法仕手宅ニ集会、
　　　砂糖製方委見分、夫ゟ御家人衆茂製法有之、同十七日迄ニ一通り伝授相済
　　　長府方堀田様ニ御届
　　　此御方ニ茂御知セ有之　　三品砂糖製し晒を茂段々調之、翌丑年四月上旬迄ニ宜出来、
　　　（中略）御家人衆四月十日安岡出立、同晩赤間関ゟ乗船、（後略）

6）『長府御領砂糖製作一件　宝暦六年』全3冊、山口県文書館所蔵。いつ誰がまとめた
　　かは不明である。
　　　本史料を使用した論文としては、小川（1-1-3〔注2〕）がある。この論文は、享保年
　　間の幕府の殖産政策を、各藩がこれを受けて、特産品の開発に力を入れていたころ
　　の、「実学の実践」と「その挫折」について論じた研究である。「挫折」としているの

は、幕府の見分以後に長府藩で白砂糖生産を続けていた事を示す史料がないことによる。また、この論文は、「白砂糖製造」を通しての社会背景について論じている考察で、その方法を主としている論文ではない。

篠田 (2-1-1〔注8〕) は、尾張との関連で触れているが、長府藩の技術には言及がない。

技術的な考察を含む先行研究には、植村と谷口の2書 (1-2-1〔注2〕) がある。この2書は、日本全国の砂糖生産の展開について幅広く述べられており、長府藩の砂糖製法についても触れられているが、本稿に関わる部分の考察は充分であるとはいいがたい。

7) 国内の本草学者などによる砂糖製作技術書は、宝暦11 (1761) 年以降に田村元雄が記した『甘蔗造製伝』、その弟子である平賀源内が宝暦13 (1763) 年に編集した『物類品隲』、そして明和元 (1764) 年に後藤梨春が著した『甘蔗記』などがある。幕府の官吏であった木村又助が『砂糖製作記』を版行したのが寛政9 (1797) 年、農学者大蔵永常の『甘蔗大成』の完成は、天保年間 (1830〜1843) 頃である。

8) 島津藩より琉球産の黒砂糖を大阪へ輸送して流通に乗ったのは、正徳3 (1713) 年とされる。また大島や徳ノ島、鬼介ケ島産の黒砂糖が、大阪の蔵屋敷に於いて入札されたのは、享保年間 (1716〜1735) とされる (『大阪市史　第一』、1126頁)。

9) 注3と同史料

　　　一、御家人衆ニ為付廻上野市右衛門 麻布御部屋 御小納戸役人 江戸ゟ被差越候趣、(後略)

10) 内田屋孫右衛門と、弟吉大夫が伝授にあたった。3男である独嘯庵は山脇東洋に弟子入りした医師で、彼のネットワークと砂糖製作との関連、およびこの3兄弟については、小川 (1-1-3〔注2〕)、植村 (1-2-1〔注1〕)、谷口 (1-2-1〔注1〕)、篠田 (2-1-1〔注8〕)、早川 (2-1-1〔注8〕) に詳しい。

11) 『長府御領砂糖製作一件　宝暦六年　三』山口県文書館所蔵

　　　　　　　　　　上野市右衛門ニ江内田屋孫右衛門夜話

　　　(前略)、但砂糖ニ相成与候ハ、黒砂糖ニ而候哉与問候得者、最初者黒ゟ有之与申候、然らハ黒砂糖を又製法仕候て白砂糖ニ仕候哉与問候へ者、くろ砂糖を製法仕候而二度目ニ白砂糖ニ仕調候之様相聞候へ共、左様ニ而者無之候、並砂糖を製作仕候、煮初者黒ゟ候を晒候而、白〆之並砂糖ニ仕候由、然者並砂糖ゟ大白ニ仕、大白ゟ臼砂糖ニ次第〳〵仕儀ニ候哉与問候へ者、左様ニ而者無之候、並砂糖ゟ臼砂糖ニ仕候由、十一月ニ黍刈取〆、廿日毛懸り並砂糖調折相ニ置、来年三四月ニ至り臼砂糖ニ製作仕候、新規ニて白砂糖ニ者不相成由、大白ト臼砂糖与様子違候哉与問候へ者、臼砂糖者極品之由、氷砂糖毛並砂糖ニ而致出来候へ共、是者臼砂糖与又様子各段違候由、(後略)

12) 注3と同史料

　　　(前略)

　　　一、御領内ニ有之黍を以製法仕候、砂糖及拂底候付、黒砂糖或者白砂糖を茂買

上被仰付者、砂糖を以三品与申極上之砂糖製法仕、不足之足㆑シニ被仰付長
府御領之黍㆓而、調候砂糖之唱㆓仕候儀茂有之との事㆓候、（後略）

13）注11と同史料

一、御家人衆砂糖一件御用相済赤間関ゟ乗船之儀㆓付長右衛門㆑江隼人ゟ

四月十日之来状

（前略）

一、三品砂糖茂三臼㆓日十三四㆑斤程是㆑有 製作成就出来候分宜敷との事㆓御座候由、

（後略）

14）注11と同史料

覚

（前略）

一、内田屋手代与唱候吉大夫申候者、去年調申候並砂糖残少茂所持不仕候、安
岡砂糖出来与申儀廣マリ、諸所之薬屋ゟ所望㆓付差出し配り、足不申候故右
之通候由、且又蜜之黒砂糖、薬を練候為㆓宜敷由㆓而、直段並砂糖㆓多ヶ者
劣り不申由、

（後略）

15）注11と同史料

上野市右衛門㆑江内田屋孫右衛門夜話

（前略）

一、去年何程銀砂糖製作仕候哉与問候へ者、並砂糖百斤程調、臼砂糖者一向不
調候、（中略）

一、去々年者少々臼砂糖毛調候由、（後略）

16）注11と同史料

聞書

（前略）

一、並砂糖製し方、孫右衛門伝法之段者、折々承之候、然処今般飴色茂有之、
黄白懸り候毛有之、製し方不一様哉出来不出来候哉与問候得者、寂前江
戸㆑江付出之前を以、夫ニ喰相候様ニ与此度並砂糖調候、此外㆓毛覚居候哉与
慶時之被仰付を以、別種調候、二三通製し方覚居候之由、答咄申候、

（後略）

17）注11と同史料。製作場の図面の頭書である。写真2-2-2参照。

砂糖製作之覚

（前略）

一、晒瓶ハ嬉子野又者筑前又者尾州にて焼候、孫右衛門方㆓而調候へ者、十弐貫
目種入候由、

一、晒瓶底穴者、植木鉢ノ水抜穴ノ様㆓有之、〆水を煮、薬を合せ入候而、か

たまり潰抜ヶ不申處、秘伝之由、

一、晒瓶下桶、

　　　此下ノ桶ヘ雫ノ落ハ蜜ト云、

一、晒瓶深サ一尺ニメ、一寸毛晒候得者其処をすくいとり、其跡を又晒し、

　　　次第ヘ々ニ日を重ね晒取候由、

　（後略）

18）注11と同史料

　　　　　　　聞書

　（前略）

一、吹上衆自製之砂糖者、別而念入候ニ付、所望毛不相成候、廿四日已前試ニ晒
　　を懸候砂糖者、濡砂色ニ、是以晒土懸御座候故、いろ<sup>（ろ抜カ）</sup>い　不被申候、一躰
　　晒加減茂余程能砂糖成就与相見候段、孫右衛門申候晒ニ者、未懸候へ共折
　　相候砂糖を者見せ候分、少々別差越候間、御一覧可被成候、是ハ十一二日
　　頃製作ニ而可有御座候、

　（後略）

19）注11と同史料

　　　　　　　覚

　（前略）

一、吹上衆之方十一瓶内ゟ透不申蜜桶出可申様相成候付、製作場討込ニ出し、
　　孫右衛門申談手入仕候へ者、宜相成候、此内二瓶晒候、尤晒損し之分者、
　　黒砂糖之ゟ致方無御座候由、

　（後略）

20）写真2-2-2の裏丁に、「上野市右衛門見分之処」と、製作場の様子が記されているの
　　で、製作場の図と製作概要の記述者が市右衛門ではないかと考えた。

21）注11と同史料

　　　　　　砂糖製作之覚

　（前略）

一、上野市右衛門見聞之処、製作場平釜四ツ、色々之器物脇ニ有之、（中略）

一、晒所、素焼之晒瓶、或者十斤晒八斤晒与申様ニ其器物沢山ニ相見候、（後略）

22）注11と同史料

　　　　　　　覚

　（前略）

一、御家人衆滞留日重り候、尤並砂糖毛去ル閏十一月四日之見分ニ、孫右衛門候
　　分、晒土を開キ候處、弥以晒シ候而、黒ミ無御座、吹上衆之分蒔込之内、二
　　瓶是又晒土を開き、一瓶者丈介調之分大躰ニ晒シ、一瓶者軍八調之分宜敷晒
　　シ候而黒ミ去、吹上衆両人茂大慶仕候由、（後略）

58

23）注11と同史料

　　　　　　　覚

（前略）旁相聞候安岡三品毛並砂糖干立候ハヽ、年内ゟ毛製し方始り可申哉与毛内々風説仕候得共、砂糖をせり立候者、御家人衆帰府をせり立ニ成、其上申出□□相成心得折□与之儀、内田屋ニ耳を吹候衆有之、弥来三月調ニ相成候由、

（後略）

24）晒瓶の底が先尖型か平底型か写真2-2-2からはわからないが、砂糖の塊の形として逆円錐形と表現することにした。

25）荒尾美代「ベトナム中部における白砂糖生産法 ―十七・八世紀における中国・日本の製糖との比較研究―」『昭和女子大学文化史研究』4、2000年、85頁。および付論参照。

26）注11と同史料

　　　　　　　覚

（前略）

　一、白砂糖を調候事、一通り常之砂糖を水にして煎、晒瓶ニ入（後略）

27）注11と同史料

　　　　　　　覚

（前略）

　一、白砂糖用意方土見分 トメ、十八日十九日御家人衆内田屋ニ参り候段、時々久右衛門ゟ知セ申候、

　　（後略）

28）拙稿、前掲書〔注25〕、85頁。および付論参照。

29）注11と同史料

　　　　　　　覚

（前略）吉大夫咄申ニ者、凡並砂糖弐拾斤ニ而四斤臼一ツ出来仕候、削立候而屑ニ成候分品々之段を付、是又宜しく砂糖ニ而御座候由、臼之大小者、好次第ニ相成候、削残り多少者並砂糖之善悪ニ寄候由、

　　（後略）

30）拙稿、前掲書〔注25〕、89頁。及び付論参照。

31）注29参照。

32）注29参照。

33）注11と同史料

　一、御家人衆砂糖一件御用相済赤間関ゟ乗船之儀ニ付長右衛門ニ隼人ゟ四月十日之来状

　　　（前略）差越候頭書之内ニ三品砂糖七日迄ニ晒シ上ヶ成就并砂糖共ニ右宜候、入、尤不出来之分毛有之、不出来なから取帰趣ニ相聞候、

（後略）

34）注13参照。

35）注27参照。

36）注11と同史料、写真2-2-3参照。

覚

（前略）

一、閏月一日、内田屋砂糖、市右衛門見及候処、（中略）

一、七瓶程晒土懸り居候、晒土ニ蜜を吸取候与相見ニ、晒土之ケ輪干反り、土ニ
　　つやひかり候、晒土未乾分茂御座候、砂糖之色濡砂色之分毛焦茶色之分毛
　　御座候、黒ミ者不相見候、

（後略）

37）注11と同史料

覚

（前略）

一、今般萩ニ差出候安岡並砂糖之様、成分ニ而三品致出来候哉与、吉大夫ニ問懸候
　　へ者、成程致出来候、並砂糖を能々晒候へ者、日数を経候程折相能三品ニ致
　　能候、只今之儘にて、三四月ニ不至早ヶ調候得者減目殊外多御座候、（後略）

38）注36参照。

39）注36参照。

40）粘土中の水の存在状態については、須藤俊男『粘土鉱物学』（岩波書店、1974）、日
　本粘土学会編『粘土の世界』（KDDクリエイティブ、1997）、日本粘土学会編『粘土ハ
　ンドブック　第二版』（技報堂出版、1994）、粘土の不思議編集委員会編集『粘土の不
　思議』（土質工学会、1986）などを参照した。また、土の表面にまで黒斑状の色素の
　移行が見られたことを、筆者はベトナムの事例で確認している（付論参照）。

# 第3節　小　括

　宝暦4年に尾張藩では、長崎の砂糖製作人である慶右衛門という人物を召し抱えた。この人物は長府藩へも製法伝授した人物とされる。

　第1節では、尾張藩に召し抱えられた頃の慶右衛門の製法ではないかと考察した史料を取り上げた。その製法は、「覆土法」による分蜜であり、覆土は田の底にあるアクの強い土が良いとし、また、青砥石の粉のような色が混じっている土を使用するとしていた。そして1回目の「覆土法」が終わって、逆円錐状の砂糖の最上部の砂糖を取り出し、その下の部分に行う2回目以降の「覆土法」に使用する土には「薬」を合わせるとしていた。瓦漏の中で固化している砂糖は、上部から重力によって蜜が移動してくるので、下部になるほど蜜が多く、したがって色も濃い。蜜が多く含まれている部分の脱色に使用する土には、「薬」を合わせることが必要と考えられていた。そして、「覆土法」の土を取り除く目安は、土がカラカラと乾いて、土と砂糖との接触面が自然と離れる時とされていた。

　また、サトウキビの刈り取りが遅れると、結晶化が起こり難いことが、実際の製糖記録として述べられていた。

　第2節では、長崎の砂糖製作人である慶右衛門から製法を伝授された大庄屋内田屋孫右衛門が、宝暦6年に幕府方に伝えた砂糖製法を検討した。

　孫右衛門が、幕府方に伝えた砂糖製法は、「並砂糖」「臼砂糖」作りで、サトウキビを刈り取ってから、「並砂糖」作りには約20日、さらに「臼砂糖」作りには5ヶ月を要したものだった。

　分蜜法は「覆土法」が採用されており、「覆土法」に使用する土は、見分を行うほどの特別な土で、土には水分が含まれていた。

　乾いた土が蜜を吸い取っているように見えたという観察記録があることから、「覆土法」の効果として、ショ糖の結晶の周りに存在している黒色成分を含む蜜を水分によって洗い流す他に、「毛管現象」を主とする作用によって水分を含んだ蜜が上昇して、砂糖の塊の表面に乗せた、すでに乾いている土の方へ移動すると考えられた。

　慶右衛門のものと考えられる方法と、内田屋孫右衛門の方法では、どちら

も「覆土法」が行われ、水分を含んでいる土を使用するという共通点があった。そして、両者共に、土が乾くまで「覆土法」の土を取り除かないという共通点もあった。

　内田屋孫右衛門が幕府方へ伝えた、「覆土法」に使用する土については水分を含んでいたということはわかるものの、具体的な土の様相については記述がなく、不明な点が多かったが、第1節の慶右衛門が示した田の底の土で、アクが強い土が良く、青砥石の粉のような色が混じっている土を使うことを幕府方へ伝授したことも考えられる。しかし、技術の伝承には、伝授された側が状況によっては全く同じ方法を採用し続けることが難しい場合があること、また、独自の研究方法を追加する可能性があることなどが、常に実践の場においてはつきまとうので、史料に示されていること以外の言及はしない。

# 第3章

## 白砂糖生産　第2期
### 宝暦年間後期の方法

.

# 第1節　田村元雄の白砂糖生産について

## 1.　はじめに

　宝暦年間後期は、本草学者などによって砂糖製作技術書が著された時期で、宝暦11（1761）年以降、田村元雄による『甘蔗造製伝』、その弟子である平賀源内が編んだ同13（1763）年刊『物類品隲』、そして明和元（1764）年に後藤梨春が著した『甘蔗記』などがある。そこで本章では源内や梨春の師であった田村元雄の白砂糖生産法を取りあげる。

　田村元雄（以下元雄と記す）[1] は、享保3（1718）年に、小普請方棟梁大谷出雲、作事方大棟梁甲良豊前の女牟久子との間の次男として江戸に生まれた。元文5（1740）年に、町医者田村宗宣の女栄を妻とし、田村家へ養子に入り、医業の身となる。20才の時には将軍吉宗の命によって朝鮮人参の種を拝領して繁殖させ、『人参譜』を著した。朝鮮人参については当時第一人者であり、宝暦13（1763）年には幕府に登用され、安永5（1776）年に亡くなるまで朝鮮人参の殖産研究に従事した。

　元雄は医師の他、本草家・物産家でもあり、諸国を廻って物産採集に努め、宝暦7（1757）年には、門人の平賀源内と共に、我が国初の薬品会を開いている[2]。

　サトウキビについても研究を行っており、宝暦11（1761）年には砂糖製作に一応の成功をみて、幕府より売り広めるようにといわれた[3]。このように砂糖生産において重要な人物でありながら、元雄がどのような生産法を行っていたのかはこれまで検討が十分なされてこなかった[4]。そこで本章は、元雄がどのような分蜜法を推進していたかを明らかにすることを目的としている。

## 2.　史料と背景

　砂糖に関する元雄の著書『甘蔗造製伝』[5] は、元雄が中国の書物を参照して研究し、製法を目撃した記録と元雄自身による試作の方法の記録[6] で構成されていると考えられ、図も10点収められている。

　その他、川崎市市民ミュージアム所蔵の池上家文書の中に、元雄の製法が3

点記録されている。2点は『砂糖製法秘訣』と表題のある1冊の中に所収されている「沙餹製法勘弁」（図7点含む）と、「秘傳三章」内に小見出しで「田村傳」とある部分である。もう1点は、「霜糖玄雄製し立たる法」（図1点含む）と題された1状である[7]。

　池上家文書の中に元雄の製法が記録されているのは、次のような経緯による。宝暦11年5月に、元雄は自分のかわりに武蔵国大師河原村の名主池上太郎左衛門幸豊（以下幸豊と記す）を砂糖生産者として推薦した。幸豊が元雄と会い、そこで聞いた話によると、元雄は17年来砂糖生産に取り組んできたが、その年（宝暦11年春）に成功したので、勘定奉行の一色安芸守に吟味してもらったところ、この冬から製作して売り出すように言われた。しかし、元雄は医業に身を置いていることから、売り広めるのは難しいので、他の者へ伝授して世に広めたい旨を返答した。そして、推薦したのが、すでに少量ではあるがサトウキビ栽培を行っていた幸豊であった[8]。このような経緯で、幸豊は砂糖生産に本格的に取り組むようになった。幸豊は、元雄から砂糖製法の伝授を受けてもいたので[9]、幸豊側に元雄の製法の記録が残っているのである。


## 3．『甘蔗造製伝』と「沙餹製法勘弁」について

### 1）作成時期

　『甘蔗造製伝』と「沙餹製法勘弁」とを同じであるとする研究者もあるが[10]、「沙餹製法勘弁」は元雄の記したものの筆写であるので、似てはいるが、明らかに違うものであると考える。それは、以下の理由による。

　まず、この2史料をいつ頃元雄が記したかという点である。

　『甘蔗造製伝』については、宝暦10年10月に「自製記」としての項目があり、翌年2月と考えられる時期には、分蜜法として土を乗せる「覆土法」を施している記録があるので[11]、宝暦11年2月以降のことであると考えることができる[12]。

　一方、「沙餹製法勘弁」については、『甘蔗造製伝』とほぼ同内容の辰10月21日付の「製法ノ覚」の項目も所収されており[13]、辰年を宝暦10年と考えると先の理由によって宝暦11年2月以降であることは確かであるが[14]、26年間毎年砂糖製法に苦しんだと記されている[15]。宝暦11年5月の時点で、元雄は17年来砂糖生産に取り組んできたと幸豊に述べているので[16]、宝暦11年から9年後が、元雄にとって足かけ26年間砂糖製作に取り組んできた年となる。宝暦11年の9年後は、明和7年であるので、26年目に当たる明和6年か7年頃記述し

た書であると考えられる。

　次に、この2史料のうち、元雄はどちらを先に記したかという点である。『甘蔗造製伝』では、本書作成の動機を「始テ煎煉ノ法ヲ極ム（傍点筆者）」[17] としており、これはサトウキビ汁を煎じ煉る方法を極めたと解釈できる。煎じ揚げるタイミングについて、茶碗などの容器に水を入れ、その中に濃縮糖液を一滴たらして糖液の形を見て判断する方法[18] が図入りで詳しく述べられている。この図と煎じ揚げるタイミングは、「沙餹製法勘弁」には記述がない。

　一方、「沙餹製法勘弁」には、「今歳始テ造製ノ法ヲ極ム（傍点筆者）」[19] と、執筆の動機が記されている。サトウキビ汁を煎じる工程も記されてはいるが、主として煎じ揚げた後の製法の情報が多い。

　したがって、『甘蔗造製伝』は「煎煉ノ法」を主とし、「沙餹製法勘弁」は煎じ揚げた後の「造製ノ法」を主として著されたものと考えられる。

　このことから、『甘蔗造製伝』が著されたのは、「沙餹製法勘弁」が記されたと考えられる明和6、7年以前であると考えることが出来る。

　また、両史料はどちらも広く世に広めることを目的として書かれた[20] 製法技術指南書と考えられる。


### 2）分蜜法

　元雄は『甘蔗造製伝』の中で、煎じ終わってから「盤暴」、「筵暴」、「瓦溜」（瓦漏）に入れる方法の三法あるとしている。どの方法を用いるかは、下品の砂糖を作るときには、「盤暴」と「筵暴」の方法を用いるとしている[21]。

　「沙餹製法勘弁」では、「板晒」、「ゴザ晒」、「瓦溜」（瓦漏）に入れる方法の三法となっているが、「ゴザ晒」は甚だ下品の砂糖に用いるとし、「板晒」にするか瓦漏に入れるかは好きにしてよいとした上で、性質の良くない砂糖は「板晒」にもするとしている[22]。

　以上のことは、瓦漏に入れる方法は、上品の砂糖を作る分蜜法であったことを示唆している。そして、瓦漏に入れる場合には、「覆土法」が施されている。したがって、「覆土法」によって作られた砂糖は、上品であったと考えられる。

　なお、「筵暴」又は「ゴザ晒」、「盤暴」又は「板晒」の方法は、元雄が参考とした中国の書物[23]『天工開物』、『閩書南産志』[24]、『容齋随筆』[25]、『華夷花木珍玩考』[26] の4書[27] には見ることが出来ない。

　「沙餹製法勘弁」には、具体的に何をどの書に依ったかが明記されている[28]。瓦漏については『天工開物』としている。「沙餹製法勘弁」には『甘蔗造製伝』

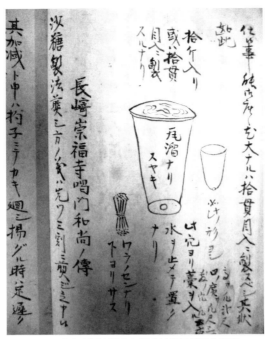

3-1-1 「沙餹製法勘弁」(『砂糖製法秘訣』所収、
池上家文書　川崎市市民ミュージアム蔵)

にも記されている平底型で植木鉢状の容器に加えて、底が先尖型の容器の図が描かれ (写真3-1-1)、それは、『天工開物』に描かれている容器と同様の形である。この図の下に「如此ノ形ヨシ」と書かれているので、平底型よりも先尖型の方が良いとしている。

　瓦漏の大きさは『天工開物』には示されていないが、「沙餹製法勘弁」には具体的な大きさがわかる記述がある。大きい瓦漏は10貫入りで作るように指示されており[29]、高さはおよそ2尺、口の広さはおよそ尺3、4寸、底の穴はおよそ5、6分としている[30]。また図には、添え書きで、「拾斤入り或ハ拾貫目入ニ製スルナリ」と記されているので、大きい瓦漏は10貫入り、小さい瓦漏は10斤入りと、2種類の大きさがあったことがわかる。

　「覆土法」である「黄滑泥ノ法」は、『閩書南産志』に依っているとしている。『閩書南産志』に記されているのは「細滑黄土」であるが[31]、『甘蔗造製伝』では「黄滑泥」[32]、「沙餹製法勘弁」は「黄土ノ滑泥」「黄滑泥」[33]である。3史料の共通点である「滑」という字の使用から粒子の細かい粘土で色は黄色であると考えられる。そして『甘蔗造製伝』「沙餹製法勘弁」では「泥」という字を用いて

いるので、水分が多い泥状の粘土と考えることができる。

また「沙糖製法勘弁」には、「黒ベナ土ヲ能クスリテ中位ニ乾キ候者」を用いるとしている[34]。黒ベナ土は黒い粘土のことであるが、中ぐらいに乾いた黒ベナ土というのは、水分をあまり含まないやや乾いている粘土と考えられる。

「沙糖製法勘弁」に記されている土は、両者に粘土という共通点があるものの、水分を多く含んだ土と、中ぐらいに乾いた土であり相反する土の状態を並列で提示している。

## 4. 「田村傳」と「霜糖玄雄製し立たる法」について

「田村傳」と「霜糖玄雄製し立たる法」は、池上家文書内に所収されているが、どちらもいつ頃元雄が行った方法かは不明である。

「田村傳」による分蜜法の第1段階は、濃縮糖液を漕へ入れて冷やし、天気の具合を見て、瓦漏に入れ、雫となって落ちる蜜を取るというものである。第2段階の「覆土法」は、瓦漏の砂糖の上に、まず紙で蓋をして、その上に細滑黄土を置くという方法である。しかも、その土は、ホイロにかけた後で行うとしている[35]（図3-1-2）。

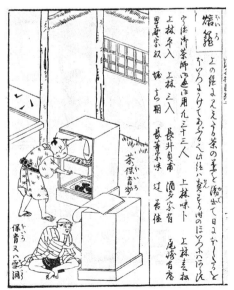

3-1-2　ほいろの図（「日本山海名物圖會　巻之二」
寛政9年（1797）所収、国立国会図書館蔵）

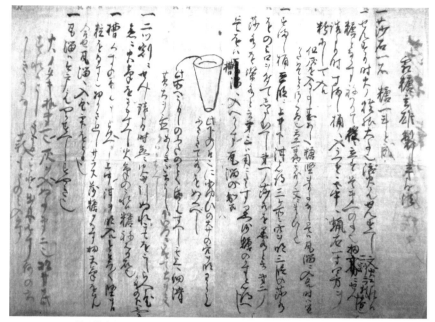

3-1-3 「霜糖玄雄製し立たる法」（池上家文書　川崎市市民ミュージアム蔵）

「霜糖玄雄製し立たる法」による分蜜法の第1段階は、槽は楠の木で拵え、その中に濃縮糖液を入れると、ゆっくりと固まり、結晶化され、それをかき回して晒すと砂糖となるというものである。そしてその砂糖は天気の具合を見てから、瓦漏に入れるとしている。

第2段階の「覆土法」は、瓦漏の砂糖の上に、漆の蓋のように紙を置き、その上に細滑黄土を置くという方法である。その土は粗い土の方がよいとし、ホイロにかけてよく乾かすと朱書きがある[36]（写真3-1-3）。

「田村傳」と「霜糖玄雄製し立たる法」は、基本的には同じ方法を述べていると考えられる。

天気がどのような具合であるか具体的な記述はないが、雫となって落ちる蜜を取るということは、結晶の周りの蜜が動きやすい天気ということが考えられる。

楠の木の槽に入れて結晶を析出させ、かき回して晒すということが、日光に当てることを指しているのか、そのまま放置しておくことを指しているのかは不明である。

蓋のように紙を置くということは、落としぶたのように紙をぴったりと砂糖

表面に張るように置くことであると考えられる。紙を置くことは元雄が参照した中国史料には記されていないが、後世、中国において紙の使用が報告されている[37]。砂糖と土の接触面において、砂糖と土が混じり合わないようにする配慮と考えられる。

土については『閩書南産志』に記されているのと同じ細滑黄土である。またホイロにかけるということは、乾燥を促進させた土である。「霜糖玄雄製し立たる法」にはよく乾かすとあるので、乾燥を十分に行った上での使用ということになる。

「田村傳」は約7行の簡単な試作のメモ書きを思わせるもので、「霜糖玄雄製し立たる法」は、「田村傳」を詳しく述べていると考えられ、伝授することを意識した1状と考えられる。

## 5. 元雄の「覆土法」の考察

これまで見た元雄の砂糖製法を示す史料で「覆土法」に使用された土をまとめたのが〈表1〉である。

土の色は黄色が多く、粘土を主とした土と考えられる。しかし、水分の含有量は、泥状、中ぐらいに乾いたもの、ホイロで乾かしたものと全く違う。

泥状の土については、享保年間に幕府が中国から得ていた「覆土法」の情報も「じゅる土」[38]、「泥土」[39]であり、元雄の「覆土法」の研究はまず水分の多い泥状の土から始まったものと考えられる。

乾かした土を置くことは、元雄が『甘蔗造製伝』および「沙餹製法勘弁」で参照したという中国の書物には記されていない。元雄はどうして乾いた土へ着想

表1 田村元雄が「覆土法」に使用した土

| 史料名 | 土の種類 |
| --- | --- |
| 甘蔗造製伝 | 黄滑泥 |
| 沙餹製法勘弁 | 黄土の滑泥、黄滑泥<br>黒ベナ土をよく擂って中ぐらいに乾いたもの |
| 田村傳 | 細滑黄土、ホイロにかけて乾かしたもの<br>紙を置いた上に置く |
| 霜糖玄雄製し立たる法 | 細滑黄土、粗い土が良い、ホイロにかけてよく乾かしたもの<br>紙を置いた上に置く |

したのであろうか。

　考えられることは、『閩書南産志』に記されている中国における「覆土法」の起源についての記述である[40]。元雄が『閩書南産志』を見ていたことは3項でみたように確実である。この『閩書南産志』による「覆土法」の起源については、平賀源内編『物類品隲』(宝暦13年刊)や時代は下るが木村又助の『砂糖製作記』(寛政9年刊)で引用されている。

　『砂糖製作記』には、この部分の和解がルビ付きの読み下し文になっているので、当時の解釈がよくわかる。

　　　　閩書南山志云、元の時南安に黄長といふ者有、砂糖を煮置たる所の壁忽壊れ瓦漏の上を壓す、其砂糖白き事常に異なり、これに依て厚價を得たりという、後是に效ひて土を覆う法を得たり、[41]

　壁の土というと明らかに乾いた土の塊である。これを読んで元雄は乾いた土に着想し、試作を行っていたのではないかと考えられる。

　「霜糖玄雄製し立たる法」では細滑黄土としながらも粗い土がよいとしている[42]。これは荒壁の土のことを指しているのではないかと考えられる。

　落ちてきた壁によって「覆土法」が発見されたという記述は、これまで注目されてこなかった。伝承的な記述とはいえ、崩れた壁が瓦漏の中に入れてあるショ糖の結晶と蜜の混合体と考えられる砂糖を白くすることに関与したということについて、次の3つのことが考えられる。

　　　第1は、加圧することによって蜜が下方向へ落ちることを促進した。

　　　第2は、砂糖との接触面で、壁土側に瓦溜の中にある砂糖の表面の黒色成分を含む蜜が吸着されて、その部分の砂糖が白くなった。

　　　第3は、瓦漏の中にあるショ糖の結晶の廻りに存在する黒い蜜を「毛管現象」によって乾いた土の塊である壁が吸い上げた。

　第1に考えられる加圧による分蜜の促進は、『閩書南産志』にはっきりと壁の土が圧したと記されている。しかし、ただ圧するだけの効果であるならば、石などを重石にすればことが足りるので、後々まで土を使う「覆土法」が中国のみならず世界的に続けられたことについて説明がつきにくい。

　第2に考えられる表面吸着については、時代は下るが大蔵永常が『甘蔗大成』に記している。それは、田楽に付ける味噌くらいの練り加減の土で「覆土法」

を施し、10日位で土が乾き土の裏面に黒く付いているという記述である[43]（図3-1-4）。筆者は、このような表面吸着現象を、ベトナム中部における現在の民族事例でも確認している[44]。

しかし、この表面吸着作用は砂糖の表面の蜜しか移動させないため、肉眼で確認出来るかどうかわからない程度の厚さの最上層部しか脱色されない。したがって、土と砂糖の接触面に起こりうる表面吸着では、分蜜効果はほとんどないと考えられる。

第3の「毛管現象」については、第2章第2節において、宝暦6年に幕府の砂糖製作人が砂糖製法伝受のために長府へ派遣された際に、水分を含んでいた土が乾いて、その土が蜜を吸い取るように見えたという観察記録を報告し、それを「毛管現象」によるものではないかということを提示した[45]。

元雄が着目した乾いた土の情報は、幕府方からも入っていたのではないかと考えられる。

幕府と元雄の関係であるが、宝暦11年5月の時点で、幕府吹上製作の砂糖を元雄は所持していた[46]。また同年11月に、幸豊が田村の推薦のもとに砂糖生産に本格的に着手するため、甘蔗株と茎を幕府より譲り受けた際の立ち会い人

3-1-4　土への表面吸着の様子。左下の図
（大蔵永常『甘蔗大成』武田科学振興財団　杏雨書屋蔵）

には、長府へ行って砂糖製法を伝授された吹上御庭の池永軍八と岡田丈介の名前が見えている[47]。このように元雄は、幕府の砂糖製作人と関係があり、長府で観察された覆土が乾いたときに起こりうる現象の情報が、幕府方より元雄へもたらされていたことも考えられる。

## 6. まとめと考察

　元雄はまず、水分を含んだ泥を使用する製法を採用し、次に中位に乾いた土を検討し、さらには、土そのものをホイロでよく乾かして使用するという方法まで研究を行っていたことは確かである。

　元雄が乾いた土に着目していた時期は、「沙餹製法勘弁」では、水分を含んでいる土と、中ぐらいに乾いた土と土の様相が並列して記述されていることから、この史料の作成時期である明和6、7年頃は、ホイロでよく乾かした土への移行の前段階か、あるいはホイロでよく乾かした土の研究を行った後に、そこまで乾いていない中ぐらいの乾きでよいと判断した後の段階のどちらかであると考えることが出来る。以上のことから元雄の「覆土法」に使用する土の研究は、次のような時期によって変化が認められる。

　元雄は、当初は「泥」を採用したものの、水分の滴下が起こらない土へと大きく研究の視点を変えている。このことは、覆土に含まれる水分による洗い流しの効果を期待しない方向へと進んでいったことを意味している。

　元雄が示した乾いた土の利用は、「毛管現象」を主とする分蜜効果を期待していたのではないかと考えられる。

〈文献と注〉
1）名は登、通称元雄・玄雄、字は玄台、号は藍水である。
2）草野冴子『万年帳零話』（潮流社、2002）、草野冴子・藤田覚校訂『史料纂集藍水・

第 3 章　白砂糖生産　第 2 期

西湖公用日誌』（続群書類従完成会、1986）。また、上野益三『日本博物学史』（平凡社、1973）、磯野直秀『日本博物誌年表』（平凡社、2002）などを参照した。

3)『和製砂糖之儀ニ付き書留　壱』池上家文書　川崎市市民ミュージアム蔵、及び「和製砂糖之儀ニ付き書留　壱」川崎市市民ミュージアム編『池上家文書（三）』（川崎市市民ミュージアム、1998）を参照した。

砂糖之儀ニ付覚

（前略）元雄申候者、砂糖製之儀十七年已来苦労致、漸昨今年ニ至り成就致候、然所ニ右手製之砂糖、當春中一色安芸守様迄入御覧候所、御吟味之上被仰開候者、如此出来可申候ハヽ御作らセ被置候甘蔗可被下置候間、當冬製作致賣出候様ニも可被仰付趣ニ被仰候得共、元雄儀醫業之身ニ而賣廣ク之事難致候間、外々之者ヘ伝法致、世上ニ弘候様致候ハヽ可然旨申上候、此義御尤ニ被思召、心當テ之者有之哉と御尋ニ付、大師河原村池上太郎左衛門と申百姓年来砂糖之儀を心掛ヶ、蔗をも植置、年年少々つヽ手製致候由ニ御座候得共、少々之儀ニ而聢と砂糖ニ者成兼候様子ニ奉存候、（後略）

4)　元雄の製法を技術的に紹介する文献として、桂（1-2-1〔注 1〕）、植村（1-2-1〔注 1〕）、谷口（1-2-1〔注 1〕）がある。桂と植村は池上家文書の「沙餹製作勘弁」を、谷口は『甘蔗造製伝』を用いている。いずれも、1 点だけの史料の紹介で、本章第 3 項で扱う史料であるが、本章 4 項で扱う史料には全く触れられていない。

5)『甘蔗造製伝』は、武田科学振興財団　杏雨書屋蔵の元雄の稿本とされるもの（以下杏雨本と記す）と、東京都立中央図書館加賀文庫蔵の元雄の自筆とされるもの（以下加賀本と記す）、個人蔵の安永 4 年の写し（以下安永本と記す）の 3 点を確認した。杏雨本は、カタカナの仮名交じり文で、加賀本はひらがなの仮名交じり文である。安永本は、杏雨本の写しであると考えられる。加賀本は国書総目録でも自筆本とされているが、所蔵先の東京都立中央図書館に確認したところ、元の所蔵者である加賀氏が昭和 3 年に作った目録には特に自筆とはされておらず、自筆とする根拠は不明であるとのことであった。杏雨本については、国書総目録にも稿本と紹介されている。稿本ではないかと、杏雨本の終わりに筆者不明の識語の差し紙がある。しかし、筆跡調査は行っていない旨も記されている。他にも、元雄の稿本とされている史料としては、（それには）『日本諸州薬譜』（国立国会図書館蔵と牧野図書館蔵）があるが、カタカナの仮名交じり文による記述という点では共通している。これらの筆跡調査を行う必要があると思うが、後日を待ちたい。本章では、杏雨本から引用した。

　　なお、池上家文書を所蔵する川崎市市民ミュージアムの見解は、杏雨本と加賀本を「ともに原本に忠実な筆写本と思われる」（川崎市市民ミュージアム編『池上家文書（三）』（川崎市市民ミュージアム、1998））としている。

6)　田村元雄『甘蔗造製伝』武田科学振興財団　杏雨書屋蔵

（前略）予亦此ノ法ニ心ヲ用ルコト久シ。是ヲ製スルコトモ数ニシテ。少シク其概ヲ得

タリ。又近來天工開物闇書南産志。容齋隨筆及ヒ華夷花本珍玩考等ヲ考ヘ。彼
是ヲ參伍スルニ至テ。其法森トシテ備レリ。是ニ於テ始テ煎煉ノ法ヲ極ム。殆
ント餘蘊ナキニ似タリ。故ニ其法及ヒ嘗テ目撃スル者ヲ録シテ。甘蔗造製傳ト云。
此法ヲ四方ニ公ニノ是ヲ萬世ニ傳フヿヲ欲スルノミ。

7）川崎市市民ミュージアム蔵。尚、川崎市市民ミュージアム編『池上太郎左衛門幸豊』
　（川崎市市民ミュージアム、2000）を参照した。

8）注3参照。

9）注3と同史料

　　　　　　　　十三日　被仰渡書左之通

　　　　　　　　　　　　武州神奈川宿　　　　　　　　　忠兵衛
　　　　　　　　　　　　同国橘樹郡大師河原村百姓　　　太郎左衛門

　其方共数年甘蔗手作致シ、製法之儀も田村元雄ゟ傳授を請、（中略）、甘蔗可被
　下旨被仰渡候之間、植付養方黒白砂糖製作之仕法等元雄ゟ傳授を請、（中略）

　　　　　巳十月十三日

　（後略）

10）植村は『甘蔗造製伝』を見ていないと記しているが、池上家文書「沙餹製法勘弁」を『甘
　蔗造製伝』の筆写本とみなして論を進めている。そして『甘蔗製造伝』と史料名を記
　している（植村、1-2-1〔注1〕、51頁、84頁、172頁）。

11）注6と同史料

　　　　　　　　寶暦十辰十月自製記

　甘蔗汁三斗煎煉シテ。三分ノ二ヲ減ズルニ至テ。雞子白一百ヲ投シ。塵ヲ去。
　火ヨリヲロシ。瓦屋子灰十戔ヲ入。拌マワシ。一宿ヲ経テ。澄シテ滓ヲ去。再
　ビ煎ジテ三分ノ二ヲ減スルニ至テ。一滴ヲ水中ニ投ジ。玉トナルヲ窺テ。急ニ
　火ヲ去。直ニ瓦溜中ニ投ズ。即時ニ凝結シテ。中白ノ沙餹トナレリ。二月下旬
　ニ至テ。黄滑泥ヲ用ヒ。数日ヲ歴テ取出ス。最上品ノ沙餹ト成レリ。（後略）

12）『甘蔗造製伝』には成立年が記されていない。谷口は宝暦10年と断定している（谷口、
　1-2-1〔注1〕）。「寶暦十辰十月自製記」という項目があるので、その年号を本書成立時
　期と考えたのであろうか。上野（前掲書〔注2〕）は「宝暦11年？」、磯野（前掲書〔注
　2〕）では宝暦11年の箇所に、「この年に『甘蔗造製伝』を記すか。」とある。川崎市市
　民ミュージアム編『池上家文書（四）』（川崎市市民ミュージアム、2000）の年表では、
　宝暦12年頃としている。

13）「沙餹製作勘弁」『砂糖製法秘訣』　池上家文書　川崎市市民ミュージアム蔵

　　　　　　　　辰ノ十月廿一日製法ノ覚

　生汁六斗ヲ煎シツメテ取リ上ケノ時節ニモ成リ候節、瓦屋子灰十錢目ヲ入レ拌
　マワシ、直ニ瓦溜ノ内ヘ入レ申候、即時ニ凝結シテ黒沙糖ニ相成リ申候、最モ三
　割ヨリ前方ノ時分ニ雞子白入レテ塵芥ヲ取リ申候、凡玉子ノ数ハ百位モ入リ申

第 3 章　白砂糖生産　第 2 期

候事、白味入レ様ニ口伝御座候事、冬ヲ越シ二月下旬ヨリ瓦溜ヘ土ヲ入レ申候、
甚上品ノ沙糖ニ相成リ申候事、（後略）

14）「沙餹製法勘弁」を使用した桂と植村は宝暦 10 年と断定している。注 12 の谷口と
　　同様のことが考えられる。

15）注 13 と同史料
　　　（前略）予毎年此ノ製法ニ苦ムㄱ廿有六年、今歳始テ造製ノ法ヲ極ム、故ニ其方
　　　ノ目撃スル者次ニ此ヲ出ス、唯願クハ此法ヲ以テ天下ニ公ニシテ末代ニ残シ伝
　　　ヘンㄱ、

16）注 3 参照。

17）注 6 参照。

18）注 6 と同史料
　　　　　　　　　　　煎煉
　　　（前略）先ッ茶碗ニ冷水ヲ汲置。清汁三分ノ二ヲ減ズルニ至テ。一滴ヲ水中ニ投
　　　ジ見ルニ。饅頭ノ状ヲナシ。或ハ散ズル者ハ。未ダ宜ヲ得ズト知ベシ。又手ヲ
　　　不ㇾ留カキマワシ。又一滴ヲ水中ニ投ズルニ。玉トナル者ハ。宜ヲ得タリトス。
　　　此ノ時急ニ火ヲ去テ。湿筵ヲ以テ竈中ニ指シ入ルベシ　夫ヨリ釜中ノ砂糖ヲ汲出シ。
　　　瓦溜ヘ入ルゝ也。（後略）

19）注 15 参照。

20）注 6、注 15 参照。

21）注 6 と同史料
　　　　　　　　　　　煎煉
　　　（前略）又右ノ煎煉終リテ。瓦溜ヘ入ルゝニ臨デ。三法アリ。盤暴ノ法アリ。筵
　　　暴ノ法アリ。瓦溜ヘ入ルゝ法アリ。下品ノ物ヲ製スルニハ。盤暴筵暴ノ法ヲ用
　　　ユル也。（後略）

22）注 13 と同史料
　　　（前略）尤溜ヘ入ㇾ不申候前ニハ板晒ノ法モ有之候得共、瓦溜ヘ入申候てハ晒ノ
　　　事ハ無御座候、其下品成ル沙糖ハゴザ晒ノ法モ有之候ニ畳ノ表ニテ晒シ申候（中
　　　略）板晒ニ致ス共瓦溜ニ入ㇾ候共勝手能き様ニ可致候、性合不ㇾ宜沙糖ハ板サラシ
　　　ニモ仕候事、板日ニ申事不宜、（後略）

23）『甘蔗造製伝』に記されている中国の史料名は注 6 参照のこと。以下は「沙餹製法
　　勘弁」に記されている中国の史料名である。
　　　　　一、瓦溜ノ制ハ天工開物ヲ以テ證トスルナリ、黄滑泥ノ法ハ閩書南産志ヲ以
　　　　　　テ　澄　トスルナリ、糖霜ヲ辨スルㄱハ容齋カ随筆餹霜ノ譜及ヒ華夷花木珍
　　　　　　玩考ヲ以テ證トス、（後略）

24）『閩書南産志』は、『閩書』巻 150 と巻 151 に所収されている「南産志」のことである
　　と考えられる。寛延 4（1751）年に出版された和刻本を『閩書南産志』と記すが、本稿

77

では元雄の表記した書名に従い、『閩書南産志』を用いることにする。

25）元雄が『甘蔗造製伝』の中で参照したという『容齋随筆』（注6参照）は、宋の洪邁の撰であり十六巻から成るが、その中に砂糖に関する記事はみられない。洪邁は『容齋續筆』十六巻、『容齋三筆』十六巻、『容齋四筆』十六巻、『容齋五筆』十巻も記しており、『容齋五筆』の中に「糖霜譜」が所収されているので、この記事であると思われる。洪邁の「糖霜譜」は、宋の王灼が記した「糖霜譜」の概要をまとめたものである。「沙餹製法勘弁」に「容齋カ随筆餹霜ノ譜」とあるのを（注23参照）、洪邁の『容齋五筆』所収の「糖霜譜」の事を指していると考えるか、洪邁の『容齋五筆』所収の「糖霜譜」と王灼が記した「糖霜譜」の2点と考えるかは判断しがたい。それは、元雄も関与した宝暦13年刊行の『物類品隲』では、「王灼カ糖霜譜云ク」と王灼の名前が出てくるが、洪邁の『容齋五筆』所収の「糖霜譜」も王灼が記した「糖霜譜」の概要について述べると明記していることによる。

26）杏雨本は、書名が「華夷花本珍玩考」となっており、加賀本は「華夷花木珍玩考」となっている。これは、「華夷花木鳥獣珍玩考」のことではないかと考えられる。

27）注23参照。「沙餹製法勘弁」の「容齋カ随筆餹霜ノ譜」を2書と考えると「沙餹製法勘弁」は5書を参照したことになるが、引用箇所は同内容なので、ここでは4書を参照したとした。

28）注13と同史料

　　一、瓦溜ノ制ハ天工開物ヲ以テ證トスルナリ、黄滑泥ノ法ハ閩書南産志ヲ以テ　澄〔ママ證カ〕　トスルナリ、糖霜ヲ辨スル「ハ容齋カ随筆餹霜ノ譜及ヒ華夷花木珍玩考ヲ以テ證トス　（後略）

29）注13と同史料

　　一、瓦溜ノ致方常ニ土器ニテ壺ノ様ニ拵ヘ、スヤキニ仕候事能御座候、尤大ナルハ拾貫目入ニ製スベシ、其状如レ此

30）注13と同史料、図3-1-1参照

　　高サ凡弐尺、口ノ廣サ凡尺三四寸、敷ノ穴凡五六分

31）元雄が舶載された中国本系を見たのか、すでに翻刻された和刻本を見たのかは定かではないので、中国本を記しておく。

「南産志」『閩書』巻151、崇禎4序刊本、国立国会図書館蔵。

　　　　甘蔗

（前略）置之大甕漏中候出水時盖覆以細滑黄土凡三遍其色改白有三等　（後略）

32）注6と同史料

　　　　煎煉

（前略）釜中ノ砂糖ヲ汲出シ。瓦溜ヘ入ルヽ也。瓦溜ノ下ハ。桶ヲ以是ヲ受ベシ。日ヲ歴ル時ハ。結砂餹ハ瓦溜中ニ留リ水ハ下口ノ藁ヨリ滲下リテ二十日計ヲ歴テ。淡黒色ノ沙糖トナル也　次ニ右ノ淡黒色ノ砂糖トナリ。水氣大抵取レタル

時〔ママ〕。二黄滑泥ヲ以砂餹ノ上ニ入レ置也。二十餘日ノ後。黒汁去テ。盡ク白色
ノ沙餹トナル也。（後略）

33）注13と同史料

（前略）黄土ノ滑坭ヲ置キ申候、又ハ黒ベナ土ヲ能クスリテ中位ニ乾キ候者上ヨ
リ鋪キ置キ申候、廿日計ニシテ内ノ中黒ノ沙餹悉ク白色ニ申候、上中下三段ニ出
来申候、（中略）

一、始メヨリ白沙糖ニ成候事ハ無御座候、一度ハ黒ニ相成下白ニ成リ申候、夫ヨ
リ黄滑坭ヲ入レテアクヲ去リ黒ヲ変ジテ白ト成ル丁肝要ナリ、（後略）

34）注33参照。

35）「秘傳三章」『砂糖製法秘訣』川崎市市民ミュージアム蔵

田村傳

（前略）

一、すまし桶ニ而三泔ヲ分ケ、一二ノ泔ヲ釜ニ入二割ニせんし候時、急ニ火気ヲ去、
漕〔ママ槽カ〕ヘ入レ冷ス、扨、天気ヲ見合、瓦溜ニ入此時灰ハ入ルハ雫ヲ取、上ニ紙ヲふた
堅メテ不解為也
し、細滑黄土ヲ置土ヲホイロニ
かけ為末

36）「霜糖玄雄製し立たる法」池上家文書　川崎市市民ミュージアム蔵

（前略）此所へうるしのふたのことく紙ニてすへし、其上へ細滑黄土ヲ置、あらき
ご土よし。

（朱書）ほいろニかけて土ヲよくかハかすへし、（後略）

37）大塚令三『支那の製糖工場』（中支建設資料整備事務所編譯部、1941）34頁。

鉢は一枚の紙を以て密封し、その紙の上を湿気ある土或は草を以て二寸位の厚
さに覆ふ。

38）1-1-3〔注17〕参照。

39）1-1-3〔注18〕参照。

40）注31と同史料

甘蔗

（前略）初人莫知有覆土法元時南安有黄長者為宅煮糖宅垣忽壊壓於漏端色白異常
常遂獲厚貲後遂効之　（後略）

41）木村又助『砂糖製作記』　加賀文庫　東京都立中央図書館蔵。

42）注36参照。

43）大蔵永常『甘蔗大成』　武田科学振興財団　杏雨書屋蔵

白砂糖製法

（前略）晒土ハ摂津国にて勝間土の白きを用いるなり、（中略）田楽に付る味噌の位
何国にても粘く白き瓦のごとき土あるものなり、（中略）に練りて箆にてヒひ、（中略）
〇扨、晒土を置てより次第に蜜たり、凡十日程過れハ、晒土乾き胼割なり、
此時土を起せハ土の裏面に黒き滓付、砂糖の面も黒く斑に滓付てあるを、藁の
穂にて拵へたる小き箒の先を括りたるを以て、瓦漏を倒け掃ハ、残す取れて下

　　　　ハ大白の砂糖となるなり、（後略）

44）荒尾美代「ベトナム中部における伝統的な白砂糖生産について　―「覆土法」を中心
　　に―」『技術と文明』Vol.14　No.1（2003）　日本産業技術史学会、50、54頁。

45）荒尾美代「宝暦年間（1751〜1763）における長府藩の砂糖生産　―「覆土法」を中心
　　にして―」『化学史研究』Vol.30　No.4（2003）化学史学会、6-7頁。

46）元雄が幸豊を幕府に推薦し、その件で幸豊が元雄宅へ行った際に、吹上製の砂糖
　　も見せられている。
　　　注3と同史料
　　　　　　　　　　　砂糖之儀ニ付覚
　　　（前略）製作之砂糖品々為見申候、吹上之御製作之砂糖并尾州之製をも為見申候、
　　　（後略）

47）『長府御領砂糖製作一件　宝暦六年　一』山口県文書館蔵
　　　　　　　　　　御書付写
　　　　　　　　　　　　　　　　　　　　　　　　毛利文之助江
　　　其方領分ニ而、砂糖出来ニ付、右製法之儀為稽古、別帋書付之者共被差
　　　遣候間、製し方委ヶ伝授候様可被致候
　　　　　　八月
　　　　　　吹上奉行支配
　　　　　　　　　　　　　　　　　　　　　　　　　岡田丈助
　　　　　　　　　　　　　　　　　　　　　　　　　池永軍八
　　　（後略）
　　　および注3と同史料
　　　　　　　　　　馬喰町御役所江訴
　　　（前略）吹上御庭方河合平八様御支配 池永軍八殿 岡田条介殿 御出、并伊奈半左衛門様御家来須
　　　田友左衛門殿立合、田村元雄老同道致於右場所、（後略）

## 第2節　小　括

　宝暦11年、医者であり本草学者でもある田村元雄は、砂糖生産に一応の成功をみたことによって、幕府より販売を要請されたが、元雄は医者の身であるので、かわりに池上太郎左衛門幸豊を推薦した。しかし、元雄は、その後も砂糖製法の研究は続けていた。

　平賀源内や後藤梨春などの師でもあった元雄の分蜜法は、明和6、7年の時点では、ゴザ晒し、板晒し、瓦漏に入れる方法の三法を示しているが、ゴザ晒しは甚だ下品の砂糖に用いるとし、板晒しにするか瓦漏に入れるかは好きにしてよいとした上で、性質の良くない砂糖は板晒しにもするとしている。このことは、瓦漏に入れる分蜜が上品の砂糖を作る分蜜法の要諦であることを示唆する。瓦漏に入れる方法は、その後に「覆土法」を施す。したがって、「覆土法」で作られた砂糖は上品であったと考えられる。

　元雄が「覆土法」に使用する土の様相は、特に水分量に関して著しい変化が認められた。元雄はまず、水分を含んだ泥を使用する製法を採用したが、次に中位に乾いた土も使用した。また、土そのものをホイロでよく乾かして使用することまでも研究していた。

　元雄が乾いた土に着目したのは、壁の土が砂糖の上に落ちてその部分の砂糖が白くなったという、中国における「覆土法」の起源についての記事と、前章でみた長府藩へ行った幕府方からの情報ではなかったかと考えられた。

　元雄が示した乾いた土の利用は、「毛管現象」を主とする分蜜効果を期待していたのではないかと考えられる。

# 第4章

## 白砂糖生産　第3期
### 明和年間から天明年間の方法

# 第1節　池上太郎左衛門幸豊の白砂糖生産方法 その1

## 1.　はじめに

　池上家は、天慶3 (940) 年に摂政藤原忠平の三男忠方が平将門の乱を平定するために関東へ下向し、その後武蔵国荏原郡千束郷に住み、池上と称したことがはじまりとされている。元和年間 (1615～1623) には、千束郷の屋敷や山林を池上本門寺に寄進して川崎へ移り、大師河原村を立村した。池上太郎左衛門幸豊 (以下幸豊と記す) は、池上家24代として享保3 (1718) 年に大師河原村で生まれ、12才で父幸定が没したことにより名主職を継いだ。

　江戸時代中期における国産の砂糖生産の研究は、幕府や本草学者、医者などによって行われていたが、幸豊は農民への普及者として貢献した。自宅で伝授を行う他に、自らが廻村して伝授するという方法をとり、安永3 (1774) 年、天明6 (1786) 年、天明8 (1788) 年と3回にわたって、合計20ケ国余り131ケ村の農民ら152人へ砂糖生産法を伝えたとされている[1]。

## 2.　史料と研究の範囲

　幸豊は、配布用に天明6 (1786) 年に『和製砂糖伝法大意』という版本を作っているが、砂糖製法の具体的な技術は口伝と記されており、詳細は直接幸豊が伝法しないとわからないようにしていた[2]。しかし、池上家文書の中には、砂糖製法を記したものが数多くある。幸豊は田村元雄から伝授されてもいたので[3]、元雄の製法と考えられる史料や、他の人物による製法の情報を記録したもの、実験的に試みたと考えられる製法を記した史料などがあるが、幸豊がどのような製法を採用していたか、これまではほとんど明らかにされていない[4]。

　そこで、本章は幸豊が行っていた方法を明らかにすることを目的とし、川崎市市民ミュージアムに所蔵されている池上家文書を中心に、幸豊が実際に採用した製法と時期を明らかにしようと検討を加えた。それらの時期は大別すると、幸豊が自分自身の手で初めて成功した明和3 (1766) 年から4 (1767) 年にかけて

の製法、幕府から命じられて天明2（1782）年から3（1783）年にかけて行った白砂糖製法、および寛政元（1789）年から2（1790）年頃の製法の3時期である。なお、本章では前2者を扱い、寛政年間の方法は次章で扱うことにする。

　本章で扱う史料は、宝暦11年から寛政10年に幸豊が亡くなるまでの37年間（記述がない年は宝暦13年、明和元年、安永2、6年、寛政7、8年である）におよぶ砂糖製作に関する、願い、書付、覚え、書状などを控えとして幸豊自身が書き写したもので13冊からなる。13冊の表題と時期は以下のようにまとめられている。

| | |
|---|---|
| 『和製砂糖之儀_付書留　壱』 | 宝暦11年5月から明和3年10月まで |
| 『和製砂糖諸用留　弐』 | 明和3年10月から明和5年3月まで |
| 『和製砂糖諸用留　三』 | 明和5年3月から明和6年4月まで |
| 『和製砂糖諸用留　四』 | 明和6年4月から安永3年12月まで |
| 『和製砂糖諸用留　五』 | 安永3年12月から安永9年10月まで |
| 『和製砂糖諸用留　六』 | 安永9年10月から安永10年1月まで |
| 『和製砂糖諸用留　七』 | 安永10年1月から天明4年2月まで |
| 『和製砂糖諸用留　八』 | 天明3年8月から天明4年8月まで |
| 『和製砂糖諸用留　九』 | 天明4年9月から天明6年4月まで |
| 『和製砂糖諸用留　十』 | 天明6年4月から天明8年5月まで |
| 『製糖墾田一件諸用留　十一』 | 天明8年4月から天明8年11月まで |
| 『製糖墾田一件諸用留　十二』 | 天明8年11月から寛政2年11月まで |
| 『墾田製糖芒硝一件諸用留　十三』 | 寛政2年12月から寛政10年1月まで[5] |

（写真4-1-1）

　明和から天明期は、本草学者や医者などによる砂糖製法技術書は残されておらず、この時期の砂糖製作の進捗状況の実態を明らかにする史料として重要であると考える。

## 3.　幸豊が砂糖生産に着手した背景

　幸豊が初めて甘蔗栽培に取り組みはじめたのは、延享3（1746）年のこととされる[6]。その後、宝暦11（1761）年に、本草学者で医者の田村元雄（以下元雄と記す）の推薦によって、幸豊は本格的に砂糖生産を着手することになる[7]。

　幸豊は、まず幕府から甘蔗種にする甘蔗株と茎を下賜されるまでは、元雄から栽培法や、黒白砂糖製作の方法等の伝授を受けるよう、関東郡代伊奈半左衛

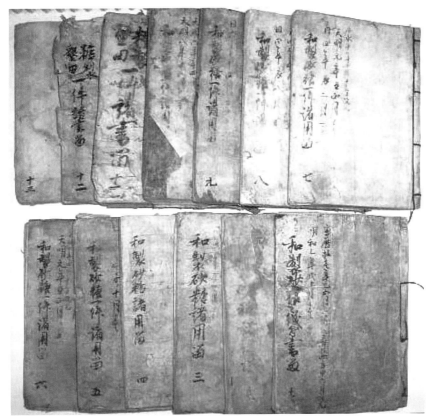

4-1-1　池上太郎左衛門が記した砂糖生産に関する記録
　　　（池上家文書　川崎市市民ミュージアム蔵）

門の家来から申し渡された[8]。

　しかし、毎年いろいろと試作をしたものの、「誠之砂糖」「実之砂糖」にはならず、医師の河野三秀の方法であれば利潤も出ると、4年後の明和2（1767）年の12月、幸豊は代官所へ書付を提出している。同年11月に幸豊は三秀を家へ招いて、幸豊自身が栽培した甘蔗を使用して砂糖作りをしてもらい、黒砂糖と白砂糖の両方が出来るのを見届け、その砂糖も一緒に提出したのである[9]。

　明和3（1768）年正月付けの書付では、三秀製作の砂糖が段々乾いて結晶が出来る様子を確認したとしているので[10]、幸豊が「誠之砂糖」「実之砂糖」にはならないと記していたのは、結晶化していないということであったのではないかと考えられる。

## 4. 明和年間前期の方法

明和3（1768）年10月27日には、幸豊自身の手によって試みた砂糖製作に成功し、大白、中白、黒の3品を役所へ差し出した。さらに同日田沼意次へ製法を見せたいと申し出た[11]。

同年11月18日と19日には、田沼意次の上屋敷の書院御庭へ諸道具を運び込み、甘蔗の圧搾工程と煮詰め工程を見せた[12]。

翌日20日には、関東郡代伊奈半左衛門の役所で同様に実践して見せた[13]。この時使用した甘蔗汁は甘蔗約22本相当分で、白用の甘蔗汁は4合、黒用の甘蔗汁は1升という、少量での製作であった[14]。この際の製法の詳細が残されている。幸豊が初めて成功した方法として位置付ける事が出来ると考える。その甘蔗の圧搾と煮詰めの方法は以下のように記述されている。

1. 甘蔗は、黒用も白用も同じ種類であるが、白は実入りが多い所の皮を除いて、1度目の絞り汁を用いる。一方黒は、白用に一度絞った後の甘蔗から再び汁を採ったものと、実入りがよくない部分を皮付きで絞ったものを用いる。（写真4-1-2）
2. 茎を絞った圧搾汁は、沸き立つまで火を強くし、それ以後は弱火にする。白用は、沸き立ったら浮いてくるアクをすべてすくい取り、黒用はそのままにしてかき回しながら煎じ混ぜるだけである。
3. 甘蔗汁が半分に煮詰まったら、灰を入れる。絞り立ての甘蔗汁一升につき灰の重さは約3分程である。白用・黒用共に入れる。2回ほど沸き立ったら火を引いて、灰を漉す。白用は随分と念入りに、黒用は大方に漉す。
4. その後は火を弱火にし、食の取り湯のようになった時に、砂薬を入れる。この薬は極秘である。甘蔗汁一升につき砂薬の重さは約2厘程で、黒白用共に同様である。この薬は漉さない。
5. その後はさらに火を弱くし、随分と粘りが出てきて、それを水中に落として竜眼肉のようになった時が煎じ揚げの頃合いである。[15]

煮詰めた濃縮糖液は、何か容器に入れたと思われるが、どのような容器に入れたかは不明である。

幸豊はその後12月朔日付で、そろそろ結晶化してきている頃だと思うので、伺いたい旨を記した書付を、田沼意次のもとへ出した。2日には、田沼の家臣

第4章 白砂糖生産 第3期

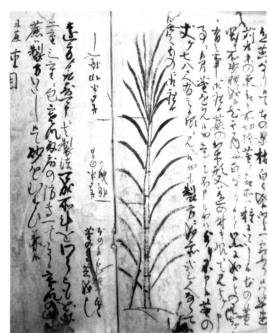

4-1-2 サトウキビの茎の先の葉の青いところは切り捨てる。茎の青いところを種にする。地面に近いところの固い茎を絞って砂糖にする。天明3年9月に提出した甘蔗図(『和製砂糖諸用留 八』池上家文書 川崎市市民ミュージアム蔵)

井上寛司から、結晶化していると返書がきた[16]。

12月朔日付で同様に伊奈半左衛門へ出した書付には、結晶化してきていなかった場合には、度々少しずつ温めてほしいということが加えられていた[17]。

幸豊は同16日に田沼邸に出向き、先月作った砂糖の状態を見て、まず絞り、白の方は猪口を2つ所望してその中に入れ押し付けている[18]。

117日には、伊奈半左衛門の役所に行き砂糖を見たところ、乾いていなかったので、火鉢で黒白共に温めている[19]。

翌年1月28日には、再度伊奈半左衛門の役所の砂糖を見に行き、白砂糖を絞っている[20]。

以上のように、幸豊が明和3年から4年にかけておこなった分蜜法は、「絞る」「押し付ける」という「加圧法」であった。

## 5. 天明年間前期の方法

天明2(1782)年、幸豊は自宅にて白砂糖の試作を命じられた[21]。10月26日、牧野大隈守の家来2名が見分に訪れ、翌日から白砂糖製法を開始した。この時

89

に使用した甘蔗は1500本で、この甘蔗から得られた圧搾糖汁は5斗7升5合であり、これを煎じた濃縮糖液は3貫200目程であった。この時点で幸豊は、来月15日頃まで乾かし置いて上蜜が分かれてきたのを見てから、さらしをかけるとし、さらしをかける日数は30日ほどと考えていた[22]。10月晦日には、さらし始めるのを11月20日とし、白下糖は5体の容器に入れられており、それに1日1体ずつさらしをかけるという予定を見分に来ていた牧野大隈守の家来2名に告知した[23]。上蜜が分かれるのを見てからさらしをかけるとしているので、分蜜される容器に入れて、第一段階の分蜜を行っていると考えられる。その容器を5体と表現していることから、この分蜜容器は瓦漏であった可能性が高いが、容器の様相が明記されていないので瓦漏とは現時点では断定はできない。以上のように、第一段階の分蜜を行ってからさらしをかける工程を幸豊は採っていた。

　11月19日には再び牧野大隈守の家来2名が訪れた。この時には「覆土法」を施していた。どのような土を使用していたかは不明であるが、少なくとも土が乾いてから取り除くとしているので、水分を含んでいて乾いていない土であった。そしてその土を置き替えるとしている[24]。当初1ヶ月程で晒し上がると考えていたが、甘蔗の出来が悪いからか、蜜の抜けが悪く、来年の春まで晒しをかけることを申し出ている[25]。しかも、「大白」にはならないとしている[26]。そして再三晒しをかけて出来上がった砂糖は、予想よりも減少しており[27]、白砂糖は大白ではなかった[28]。

　この白砂糖試作以降、幸豊は、甘蔗の植え付け場所が関東では黒砂糖は出来ても白砂糖が出来ないと訴え、東海道筋や五幾内辺りで、白砂糖生産に適した土地があると考え、上方筋への廻村伝法を申し出ている[29]。その理由として、関東で栽培した甘蔗は、正味が少なく、手間と費用がかかることを挙げている[30]。もっともこの願いに類することは、明和8年にはすでに、甘蔗は暖地を好むので良い砂糖ができ、利潤もあがることを指摘し[31]、安永7年には正式に提出していた[32]。しかし安永年間までは、意識していたのは黒砂糖生産で、白砂糖生産については触れられていない[33]。

　天明3（1783）年暮れには、和州で作らせた甘蔗を取り寄せて製作し、翌天明4（1784）年春に晒しを試みたところ、上大白砂糖を作ることに成功した[34]。その上大白砂糖は、田沼意次、伊奈半左衛門らに献上され[35]、摂州や江州にも幸豊からの砂糖製作伝法を望む者がいて、土地が甘蔗栽培に向いていると思われるので、命じられれば伝授に行くと再度関東以西への廻村伝法を訴えている[36]。

第 4 章　白砂糖生産　第 3 期

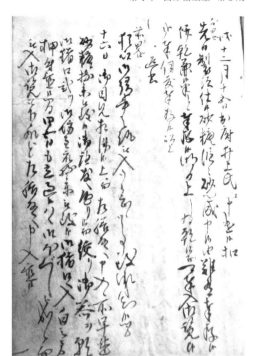

4-1-3　明和3年12月16日。「絞る」「押し付ける」という「加圧法」を行っていたことを記す記事(『和製砂糖諸用留　弐』池上家文書　川崎市市民ミュージアム蔵)

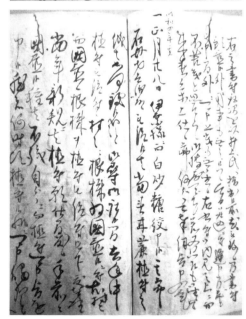

4-1-4　明和4年正月28日。「白砂糖絞申候」という記事がみえる(『和製砂糖諸用留　弐』池上家文書　川崎市市民ミュージアム蔵)

91

その上、上大白砂糖製作に成功したことを、吹聴してほしいと願いを出している[37]。上大白砂糖製作の成功は、幸豊にとって大きな自信となったと考えられる。

　その後天明6（1786）年に、畿内・東海道筋・中山道筋・甲州街道筋へ[38]、天明8（1788）年には相模・駿州までの廻村伝法が許可され実施された[39]。


## 6.　まとめと考察

　「覆土法」については、天明2（1782）年に行われた白砂糖製法の見分を受けた際に行われている。そして「覆土法」に使用する土は、水分を含んでいた。

　甘蔗の出来が悪いと分蜜がうまくいかず、何度も「覆土法」を行っても、「大白」にはならない上、手間も、時間もかかることが明らかになった。そして、何度も「覆土法」を行うことによって、最終的に出来上がった砂糖の重量は、予定よりも激減していたことから、この際に「覆土法」に使用した土の水分量は、多めであったのではないかと考えられた。

　明和3（1766）年から4（1767）年にかけて、試作披露として行った方法により、幸豊は、瓦漏を使用しないでも「絞る」「押し付ける」という「加圧法」によれば、分蜜出来ることを知っていたことが明らかになった。

　寛政元（1789）年に、土佐藩士馬詰親音が幸豊から聞いた製法を記した史料にある、「絞り取ってもよい」という記述が、「和三盆」の「加圧法」による分蜜に通じる技術であることは、植村、谷口らによってすでに指摘されていた[40]。しかし、簡易な「加圧法」は、寛政元（1789）年よりも以前である明和3（1766）年から4（1767）年にかけて、幸豊が実際に行っていた方法であったことも本考察によって明らかになった。

　「絞る」「押し付ける」という「加圧法」は、その後、瓦漏を使用しない「和三盆」の生産技術の基底をなす製法として特筆に価する。すなわち、この方法が江戸時代後期になって突如出現したのではなかったのである。

　明和5（1768）年の時点で、幸豊は讃岐国高松藩士吉原半蔵へ製法を伝授している[41]。明和3年から4年にかけて幸豊自身の手によって成功した砂糖製法は「絞る」「押し付ける」という「加圧法」であったので、その翌年の伝授には、この方法も教えたのではないかと考えられる。

　本論第6章第2節で取り上げる、高松藩において行われていた砂糖生産法を記述した享和元（1801）年の聞き書きには「和三盆」の「加圧法」による技術がみえるが[42]、それより以前の早い時期から高松藩は「絞る」「押し付ける」とい

う「加圧法」を採っていた可能性が史料から推察される。


〈文献と注〉

1) 川崎市市民ミュージアム編『川崎市市民ミュージアム収蔵品目録 歴史資料第二集』（川崎市市民ミュージアム、1995）、4-8頁。

2) 『和製砂糖伝法大意』池上家文書　川崎市市民ミュージアム蔵

　　　　　　　　煎法

　　（前略）

　　一、白砂糖製候事、前文之通、茎の見分ケ、煎様、黒とハ違有之也　口伝

　　一、大白雪白、製候事、右の並白を晒候也　口伝

　　一、氷砂糖ハ、右の大白を再煎して、製候也、是又合薬あり　口伝

　　此度伝法望之人々へは黒白砂糖両品を口授致也、（後略）

　この版本は、天明6年の廻村伝授の際に配布されたのではないかと思われる。

3) 『和製砂糖之儀＝付書留　壱』池上家文書　川崎市市民ミュージアム蔵

　　　　十三日　被仰渡書左之通

　　　　武州神奈川宿　　　　　　　　　　　忠兵衛

　　　　同国橘樹郡大師河原村百姓　　　　　太郎左衛門

　　其方共数年甘蔗手作致シ、製法之儀も田村元雄ゟ傳授を請、（中略）、甘蔗可被

　　下旨被仰渡候之間、植付養方黒白砂糖製作之仕法等元雄ゟ傳授を請、（中略）

　　　　巳十月十三日

　　　　（後略）

4) 幸豊の方法を扱っている文献に、桂（1-2-1 注1）、植村（1-2-1 注1）がある。

　谷口（1-2-1 注1）は、上記2人が使用した資料を馬詰親音による土佐の白糖製法として取り上げている。

　いずれにせよ3者とも、幸豊の方法としては、寛政元年に馬詰親音が記した「和製砂糖伝」のみに依拠している。すなわち、それ以前の幸豊自身の方法には言及しておらず、また寛政年間前期の方法にしても、幸豊側の史料からは論じていない。なお「和製砂糖伝」については、次章の寛政年間前期の方法として扱う。

5) なお、『和製砂糖之儀＝付書留　壱』から『和製砂糖諸用留　八』までは川崎市市民ミュージアム編『池上家文書（三）』（川崎市市民ミュージアム、1998）に、『和製砂糖諸用留　九』から『墾田製糖芒硝一件諸用留　十三』までは川崎市市民ミュージアム編『池上家文書（四）』（川崎市市民ミュージアム、2000）に翻刻されているので参照した。

6) 仙石鶴義「和製砂糖開産史の研究 ―池上幸豊の精糖法伝法を中心に―」『法政史学』第43号（1991、81頁）。望月一樹「池上幸豊と近世砂糖生産（1）」『川崎市民ミュージ

アム紀要』第14集（2002、4-5頁）。本史料にも、延享3年と記されている箇所が随所にみられる。後年記された『和製砂糖製造弘方御用相勤メ来候由緒書』や『和製砂糖一件御用相勤来候由緒書写』などは享保年間としているが、両者が指摘をしているように後に書き改めたと考えられる。

7）注3と同史料

砂糖之儀ニ付覚

（前略）元雄申候者、砂糖製之儀十七年已来苦労致、漸昨今年ニ至リ成就致候、然所ニ右手製之砂糖、當春中一色安芸守様迄入御覧候所、御吟味之上被仰聞候者、如此出来可申候ハヽ御作らセ被置候甘蔗可被下置候間、當冬製作致賣出候様ニも可被仰付趣ニ被仰候得共、元雄儀医業之身ニ而賣廣メ之事難致候間、外々之者へ伝法致、世上ニ弘候様致候ハヽ可然旨申上候、此義御尤ニ被思召、心當テ之者有之哉と御尋ニ付、大師河原村池上太郎左衛門と申百姓年来砂糖之儀を心掛ケ、蔗をも植置、年々少々つゝ手製致候由ニ御座候得共、少々之儀ニ而聢と砂糖ニ者成兼候様子ニ奉存候、乍去、年来心掛ケ申者ニ御座候間、為申聞候ハヽ出精も可致哉と申上候（後略）

8）注3参照

9）注3と同史料

乍恐以書付御訴奉申上候

大師河原村

太郎左衛門

一、私義五年以前巳年甘蔗種被下置候節、於　御奉行所被　仰渡候者、出精作立砂糖製造仕、出来次第御訴申上候様ニと被　仰渡候ニ付、年々手製仕候得共出来不仕、去申ノ冬中茂手製仕、田村元雄老迄指出シ候得共、是又誠之砂糖ニハ出来不仕候、然所ニ

江戸芝永井町家主利兵衛店

醫師　河野三秀

右之者ニ當年不斗参会仕、糖製之儀論談仕候所、甘蔗之作方製法等功者之由御座候間、當霜月上旬私方へ相招、當年私方ニ而作候甘蔗を以製造為仕、始終共ニ付居見届ケ申候処、黒白砂糖二種共ニ無相違出来仕候ニ付、右弐品奉入御覧候、製法合薬之儀も得与相正シ候所、怪敷品ニ而者無御座候、私義数年製法ニ心を尽シ、所々之傳法ヲ請、毎年種々仕候得共、実之砂糖ニ者出来兼、其上賣買仕候ニ者勘定引合可申儀とハ不奉存候所、右三秀傳法之通ニ仕候得者、當時賣買之砂糖値段ニ引合セ申候而、利分も可有御座積ニ相見へ申候、製法之義、此上御様ゝも可被遊御儀ニ御座候ハヽ、右三秀ヰ私立合製造仕奉入御覧候様ニ可仕候、右三秀願之趣者、諸国ニ而相應之土地を見立可申上間、甘蔗植付被為仰付、製法等之儀者三秀方ゟ相傳仕、和製砂糖白黒

共ニ沢山ニ出来致候様ニ仕、御国益ニ仕度旨を申候、尤其節ニ至候ハヽ右傳法

之者共製造之砂糖相対賣不仕、三秀儀和製砂糖座ニ被為仰付被下置候様ニと

奉願候、左候ハヽ相應之御運上も上納仕候様ニ仕度旨奉願候、（中略）

　　　　　明和弐年酉十二月　　　　　　　　　　大師河原村

　　　　　　　　　　　　　　　　　　　　　　　　　　太郎左衛門印

　　　　伊奈半左衛門様

　　　　　　地方御役所

　　　右書付幷砂糖二品初製ト再製ト二器つヽ合テ四器箱ニ入、十二月十二日ニ御役

　　　所ヘ上ル、（後略）

10）注3と同史料

一、和製砂糖出来方之儀、旧冬中奉申上候通私義数年来所々之伝授を受、種々

　　製法仕候得共、真物出来不仕候間、河野三秀製法之儀も疑敷奉存、去冬中

　　私方ヘ相招、私作立候甘蔗を以製法為致、煎候糖之乾ヶ候様子璇と見届ヶ候

　　而御訴可申上と奉存、見合罷在候処、右三秀儀逸徹成気性之者ニ御座候而、

　　見合罷在候儀をもとかしく奉存、町御奉行所ヘ三秀願書差上申候、其已後

　　私方之砂糖段々乾キ、砂ニ成シ候様子慥ニ見届ヶ申候ニ付、其節私方ゟ早速御

　　訴申上候、右製法之仕方無造作ニ御座候間、所々ヘ甘蔗植付被仰付、和製

　　糖沢山出来仕候ハヽ御益筋ニも可罷成哉と奉存候ニ付、乍恐存寄候趣左ニ奉

　　申上候、（中略）

　　　　　　戌正月

　　　　　右之書付正月廿五日井上寛司殿ヘ渡ス

11）『和製砂糖諸用留　弐』池上家文書　川崎市市民ミュージアム蔵

　　　　　　　　馬喰町御役所江上候控

（前略）私當年手作之甘蔗百弐拾五本在之、都合茎三百五拾本之内三百弐拾五本、

来春之種ニ仕候積り私方ニ囲置、残茎弐拾五本此度私製法仕、白黒砂糖奉入御覧

候、（中略）

　　　　　　戌十月　　　　　　　　　　　　　　大師河原

　　　　　　　　　　　　　　　　　　　　　　　　太郎左衛門

右之書付共ニ砂糖大白中白黒三品箱ニ入相添、十月廿七日御役所ヘ差上、石母才

兵衛殿ヘ渡ス、


　　　　　　　　是ゟ呉服橋ヘ上候留

右切紙之書付文言同断、初ニ池上太郎左衛門申上候と認候也、砂糖之義も同様ニ

いたし候、其節別紙一通之留左之通、

　　　　　　　　　　　　　　　　　池上太郎左衛門口上

兼々工夫仕候ニ而此度砂糖出来候ニ付、再三仕試申候処、和製一定仕候間、乍恐

御病中御慰ニ茂と奉存付、製法仕候而奉入御覧度奉存候、勿論御台所ニ而私壱人
罷在候得ハ、手製出来仕リ事六ヶ敷義ハ少も無御座候、右存寄候儘を以奉申上候、
以上、

　　　　　十月
　　　　右廿七日井上氏御宅ニ差置
12）注11と同史料
　　　　　　同月十七日呉服橋ニ而口上ニ而窺候趣左之通
　（前略）
於御上屋敷製法可被仰付哉、場所見候様ニと井上氏被申候、則案内被致御書院
之御庭致拝見候而、旅宿ヘ罷帰候、


　　　　　　同日夜ニ入申来候書中左之通
以手紙得御意候、今朝ハ御成候之節申聞候砂糖製法之儀、明日可然候間、明朝
蛎殻町下屋敷ヘ貴様御越候而、屋敷預之者ヘ対談被致、道具等上屋敷ヘ持参被致
候様ニ致候、（中略）
　　　　　　十一月十七日　　　　　　　　　　　　　井上寛司
注11と同史料
同十八日早朝、御下屋敷ゟ諸道具持運せ、御書院御庭ニおいて製法いたし候、
殿様御退出以後被遊御覧候、暮ニ及煎掛ニいたし、明十九日煎揚、弐箱ニ差上
申候、昨十八日夜、諸道具御返被成候節、書中左之通、（後略）
13）注11と同史料
同廿日於御白洲製法被仰付、御出懸ニ　殿様御覧ニ入、御退出之節煎加減被遊御
覧候、同日煎揚弐箱ニ入差上申候、御納戸ニ而御掛土屋三郎右衛門殿、尤両度御
料理被下候、尤御家老衆御詰所之次之間也、
14）注11と同史料
　　　　　砂糖製法之儀
一、甘蔗弐拾弐本　　但ならし中之分量
　　　　是ハ昨日絞候、数ハ三拾本しほり候得共、一躰潤ひうすく罷成、其上本末
　　　くさり候処ヘ捨申候間、中分之甘蔗之分量ニならし、凡弐拾弐本程と積申候、
　　　　　此糖汁　　白ノ方四合
　　　　　　　　　黒ノ方壱升　（後略）
15）注11と同史料
　　　　　　糖汁絞方
白黒共蔗一物ニ御座候、白之方ハ蔗之実入能キ所皮ヲ去リ壱番之絞汁を用、黒ノ方
ハ右之弐番汁并蔗實入不宜所ヲ皮共ニ絞リ申候、
　　　　　　糖水煎方

糖汁沸立候迄少之間火ヲ強ヶ仕、夫より以後ハ随分火ヲやハらかに仕候、白ノ方
沸立候方して上ニ浮と候あくヲ悉ヶすくひ取申候、黒ノ方ハ其儘ニ而かきまハし煎交
申候、

薬之仕方

糖汁半減成候比灰ヲ入申候、絞立之糖汁壱升ニ付灰之目形凡三分程、白黒共ニ同
様ニ御座候、弐沸程仕火ヲ引候而灰ヲしつめ越シ申候、白之方ハ随分念ヲ入越シ申候、
黒ハ大形ニ仕候、夫方以後ハ猶々火ヲやハらかに仕煎詰申候事、凡食之取湯之こ
とく成候時、砂薬ヲ入申候　此薬極秘事ニ御座候　絞立候糖水壱升ニ付砂薬之目形凡弐厘程、
黒白共ニ同様ニ御座候、此薬ハ越シ不申候、夫方以後ハ猶々火ヲやハらかに仕、
随分とねはり出候而水中ニ落シ、形ヲ竜眼肉之ことく成候を度ニ仕候、（後略）

16）注11と同史料

十二月朔日伺

寒気向申候処弥御安泰被遊御座候御儀と奉恐悦候、然ハ先頃製法仕候砂糖段々
砂を成シ申候哉奉伺度奉存候、私儀帰村後、中白砂糖曝而試申候間、一包入
御覧候、大白を曝申候ハヽ猶又清白ニ可成哉と奉存候、委細之儀者近々参上仕、
拝顔可申上候、以上、

十二月朔日　　　　　　　　　　池上太郎左衛門

返書

御紙面致拝見候、向寒候得共弥無御障珍重御事ニ存候、然者、先日之製法之砂
糖砂ニ成シ候哉御聞合申越致承知候、段々かたまり候而砂を成候、且又中白
砂糖御曝候而被試候之由ニ而、一包被差越之致落手候、大白ヲ曝候ハヽ猶又清
白ニ可相成と被存候由、委細御紙面之趣致承知候、猶申聞置候様可致候、殊之
外取込早々及御報候、以上、

十二月二日　　　　　　　　　　井上寛司

17）注11と同史料

馬喰町へ申遣候控

寒気向申候得共御安泰被遊御座候御儀と奉恐悦候、然ハ、先頃製法仕候砂糖、
段々砂を成申候哉奉伺候奉存候、若又今以砂ヲ成不申候ハヽ度々少々つヽ御温
被成下候様仕度奉願候、私義、帰村後中白砂糖曝而試申候間、一包入御覧候、
大白を曝候ハヽ猶又清白ニ可成哉と奉存候、委細之儀ハ近々参上仕、拝顔可申
上候、以上、

十二月朔日　　　　　　　　　　大師河原村

太郎左衛門

18）注11と同史料

戌十二月十五日出府、井上氏ニ申遣候控

（前略）十六日　御目見相済候上ニ而左膳殿へ申入候所、早速砂糖持参被致候、御

座敷へ通り候而絞り、御器ヲ願御猪口弐ッ御坊主衆持参被致候、御猪口へ入、白之
方押付置候間四五日も立過候ハヽ御ほぐし被成候而、被入御覧被下候様ニと左
膳殿へ申入置候、

（後略）

19）注11と同史料

　　　　　　　戌十二月十五日出府、井上氏ニ申遣候控

（前略）十七日　伊奈様之砂糖見申候所、聢と乾不申候間、御内玄間へ上り、御火
鉢を願候而黒白共ニ温メ置候而下ル、

20）注11と同史料

　　明和四年亥

　　一、正月廿八日　伊奈様ニ而白砂糖絞申候、（後略）

21）『和製砂糖諸用留　七』池上家文書　川崎市市民ミュージアム蔵

　　　　　　　寅九月晦日南番所ゟ御召ニ而吉右衛門出候扣

山本茂市郎様被仰聞候、當年太郎左衛門ニ而白砂糖十斤程製法出来可申哉、若
十斤出来兼候ハヽ五斤ニ而も宜候、江戸表ニ而製方可為致候得共、左候而ハ諸道
具持運等迄御入用も相懸り候事故、太郎左衛門方ニて製法致候様、其節ハ私等
も立帰り可参、且又さらし上候迄ハ日数三十日も懸り可申趣ニ候ハヽ、其間下
役壱人付置可申、尤右雑用ハ御上ゟ出候間、百姓家ニても旅宿ニ致可申、右之段
委細太郎左衛門へ申聞、一両日中ニ太郎右衛門罷出候様ニ可申達旨被仰渡候、

22）注21と同史料

　　天明弐年寅十月廿六日

　　　　　　牧野大隈守様緒組道心衆

　　　　　小野田大吉殿

　　　　　中野孫四郎殿　　　　　　　　　　　　御両人池上新田

　　　　　　　　　　　　　　　　　　　　　　池上太郎左衛門宅迄御出被成候

　　同月廿七日白砂糖製方始

　　　　　　　右両人之罷中へ出シ候書付之扣

　　　甘蔗千五百本

　　　　此糖汁五斗七升五合

　　　　此煎上ゲ三貫弐百目程

　　　　　　　　　　　　（ママ枯らすゟ）

　　　　　来十一月十五日頃迄からし置、上蜜分り候を見申候而さらしをかけ申候

　　　　　但さらし候日数凡三十日程相掛り可申ニ付、極月中旬仕上ゝと奉存候

　　　右仕上ゝ候而、白砂糖凡拾斤程茂可有御座哉と奉存候

　　　　寅十月廿九日　　　　　　　　　　　　　　　池上太郎左衛門

　　　　　　　　　　　　　　　　　　　　　　　　　　　　　無印

23）注21と同史料

第 4 章　白砂糖生産　第 3 期

　　　　　覚

（中略）

　　寅十月晦日　　　　　　　　　　　　大師河原村

　　　　　　　　　　　　　　　　　　　　池上太郎左衛門孫

　　　　　　　　　　　　　　　　　　　　　　金蔵印

　　　小野田大吉殿

　　　中野孫四郎殿

　さらし始〆之義十一月廿日ゟ始〆可申候、右砂糖五躰ニ入置候間、一躰つゝ一日

　ニさらしをかけ候而、五日程も相掛り可申候、

24）注21と同史料

　　十一月十九日両人衆中又々御出被成候

　　　　　　　　　　　　　此旨吉右衛門口上ニテ申上候

　　　　　乍恐以書付奉申上候

一、白砂糖晒仕方為御試少々奉入御覧候、此分ニ而白砂糖ニ相成兼可申哉、是ハ

　　晒之仕方を入御覧候雛形ニ而御座候、尤此通りニ而十日程も置、上之土かハ

　　き候而取除候得者、上通り少々ハ白ゟ相成可申哉と奉存候、太郎左衛門申

　　上候書付ニ五七日間ニ様子を見、土を置かへ申候義ハ土之煉加減も有之候得

　　ハ、其度々太郎左衛門方へ遣し不申候而ハ右土取かへ候義相成不申候、右

　　土練加減之義私義ハ存不申候、依之申上候、以上、

　　　　　天明二寅年十一月廿日　　　　　　　吉右衛門

　　　　　　御番所様

　　此節我等方ゟ相添出し候書付

注21と同史料

一、當月十二三日頃急ニ御呼出し之所、先達而雛形ヲ御出シもはや土かけかへ可

　　然やと御尋有之候、いかゝ可有之哉、先達而申上候通私手かけ不申候、し

　　かしなから上ノ土いまた一向かハき不申候、少し干われ候様ニ成候方可然時

　　節哉と奉存候、土をこし見候様ニ被仰候所、私御断申上候所、先様ニ而半分

　　切をこし見申候所、過半みつ抜ヶ三分一程ニも相ミへ候所、余程白く相見へ

　　候、また其儘土をかけ置被成候、

　　　　　十二月廿四日

　　　　　　　此節上納砂糖十斤入之箱御返し奉請取候

　　　　　　　　吉右衛門方ゟ右之通申遣ス

25）注21と同史料

　　　　　乍恐以書付奉申上候

　先達而製法被 仰付候白砂糖之儀、来廿日頃迄ニさらし上ヶ出来可仕哉之旨申上

　置候所、當年甘蔗之出来方不宜候故ニ哉、みつ抜兼申候、減シ方之儀も例年ゟ

99

減シ申候、来春三四月頃迄もさらしかけ置申候ハヽ、色も宜相成可申哉と奉存

候、乍去餘り延引ニ罷成候間、先當時之儘ニ而上納可仕哉、依之少々奉入御覧候、

此通ニ而上納被　仰付候御儀ニ御座候ハヽ、来廿一二日頃ニ奉上納候様可仕候、

此段乍恐奉伺候、以上、

　　　　　寅十二月十七日　　　　　　　　　　　　池上太郎左衛門代

　　　　　　　　　　　　　　　　　　　　　　　　　　　吉右衛門

　　　　　　　御番所様

　　　　　　右之書付ニ下ヶ札被　仰付候

　　　　　　　　白砂糖さらし余慶仕かけ候ニ付減シ候而も
　下ヶ札
　　　　　　　　先達而被　仰付候拾斤ハ上納可仕候、以上

26)　注21と同史料

　　　　十二月廿三日上納致候様ニと被　仰渡候ニ付、太郎右衛門ニ持参為致上納候

　　　（中略）然者先達而製法被　仰付候白砂糖、當年ハ甘蔗出来形不宜候而大白ニ者

　　　相成兼、其上段々手間取、（後略）

27)　注21と同史料

　　　　　　　　　　乍恐以書付申上候

　　　　去寅冬晒方被　仰付候、砂糖再三晒候ニ付此度奉指上候、尤目方減少仕九百目

　　　余ニ相成申候、以上、

　　　　　卯四月　　　　　　　　　　　　　　　　池上太郎左衛門印

　　　　　　　御番所様

　　　（後略）

28)　『和製砂糖諸用留　八』池上家文書　川崎市市民ミュージアム蔵

　　　　一、去々寅年白砂糖製法大隅守様方被　仰付、製法御見届ヶ之御役人中私宅迄

　　　　　御越被成、白砂糖十斤製法仕奉指上候得共、大白ニ者相成兼申候、（中略）

　　　　　　　辰二月　　　　　　　　　　　　　　池上太郎左衛門

　　　　此書付七日荻原様ニ江上ル（後略）

29)　注21と同史料

　　　　和製砂糖之儀私製法致覚申候ニ付、諸国之人々へ傳法仕、御益筋ニも仕度旨先年

　　　　奉申上候所、諸国と申候而ハ大想成義ニ候間、先関東筋へ傳法仕候様ニと被　仰

　　　　渡、先達而廻村等も被為　仰付、望之者へハ只今以傳法仕候趣ニ御座候、併関

　　　　東筋ニ而黒砂糖ハ相應ニも出来仕候得共、白ハ不宜様ニ奉存候、尤関東と申候而

　　　　も廣キ義ニ而、悉土地を試候儀ハ無御座候へ共、可然土地只今迄見當り不申候、

　　　　依之東海道筋、五畿内辺ニ而、白ニ相應可仕土地も可有御座哉と奉存候間、（後略）

　　　　　卯五月　　　　　　　　　　　　　　　　池上太郎左衛門

　　　　此書付右同時ニ浅艸ニ江指上ヶ河印様ニ江被指候由

30)　注28と同史料

砂糖製方所を被　仰付、近在ニ作立候甘蔗御買上ニ而、私へ製方可被仰付哉之
趣、私儀者冥加至極難有奉存候得共、御益筋ニ者相成申間敷哉と奉存候

此訳ヶ只今迄江戸近在ニ植付候蔗ニ而黒砂糖ハ相應ニ出来可仕候得共、白ニ者不
宜候、尤作り方之善悪も可有御座候へ共、第一ハ土地ニ゠候義と奉存候、黒
砂糖之儀者相應ニ出来仕候而も下値成物ニ御座候間、製法入用相掛り候而者引
合不申候

一、白ニ可相成蔗出来可仕土地を撰候而、白の蔗十分宜出来仕候上ニ而右製方被
仰付候ハヽ、御益も可有御座哉与奉存候

一、近在之蔗ニ而白出来不仕候と申者無御座候得共、土地不相應之蔗ニ而者白ニ
可成正味至而少ヶ御座候間、手間物入のミ相掛り引合不申候

一、土地相應も可仕哉と存候所江数ヶ所植付、蔗之出来形を見候而、宜蔗を以白
を製試候ハヽ段々と上品も出来可仕候、関東之内ニも相應之土地可有御座
哉ニ候得共、只今迄植付候場所白ニ相應と申所見当り不申候、尤東海道筋・
五畿内辺・南海道筋迄之内ニ者、相應之土地可有御座様ニ奉存候、以上、

　　　卯八月　　　　　　　　　　　　　池上太郎左衛門
天明三年
　　　　　　　　　　右書付八月八日久左衛門を以浅艸へ上ル

31）『和製砂糖諸用留　四』池上家文書　川崎市市民ミュージアム蔵

（前略）右御尋ニ付申上候通相違無御座候、尤甘蔗者暖地を好申物ニ御座候間、大
方之日照ニ者痛不申物ニ御座候得共、去寅年之儀ハ累年ニ無之早魃ニ而早枯ニ罷
成、不存寄費用相掛り難儀仕候、依之當春植付肥代金ニ差支、先月中御貸付金拝
借奉願、當時漸植付申候、右拝借地之場所土地不相應と申ニ而ハ無御座候得共、
存之外霜深所ニ而蔗之芽立遅ヶ御座候ニ付、肥余計用不申候而は生立不宜候、傳
法人之儀も先達而関東筋計被仰付候得共、東海道、五畿内辺へ御触流シ被成下、
暖地ニ而仕立候ハヽ利潤も相見へ、傳法人共も出精可仕哉と奉被存候、以上、

　　　明和八年卯三月　　　　　　　　　　　池上太郎左衛門印
　　　御役所
　　　　　　此書付三月五日代久左衛門ニ為持遣ス
　　　　　　豊嶋庄七殿へ出ス

32）『和製砂糖諸用留　五』池上家文書　川崎市市民ミュージアム蔵

　　　　　乍恐以書付奉願上候

和製砂糖伝傳之儀最初奉申上候者、江戸・京・大坂三ヶ津幷諸国へ傳法仕、御国
益ニも相成候様ニ仕度旨申上候所、先江戸町幷関東之御料所村々望之者へ、傳法
仕候様ニと被　仰付、御触流し被成下候ニ付、傳法望人御座候而、五ヶ年以前下総・
常陸・下野三ヶ国廻村仕、傳法人も三拾人程出来仕候内、銚子表幷常陸国鹿嶋
郡此弐ヶ所ハ出来形宜、常陸拔別而江戸表へ差出候由ニ而、出来候砂糖私方へも

101

遣シ為見申候、此外北廻り寒地ニハ相應も不仕候哉ニ奉存候、依之此度奉願上
候ハ、東海道筋・五畿内之内甘蔗ニ相應も可仕土地を見立、植付方并製法之儀望
之者有之次第伝法仕候ハ丶、暖地ニ而ハ随分宜出来可哉と奉存候、土地相應仕、
製法出精仕候者出来仕候ハ丶、連々和製相弘り御国益ニ茂相成可申哉と奉存候、
右被為　仰付被下置候ハ丶、宿次人馬前々之通頂戴仕、往返、雑用之儀者伝法
礼金之内ニ而先年之通り頂戴仕度奉存候、若又伝法望人無御座候節ハ、雑用自
分賄ニ可仕候、私儀数年来製法致覚候儀段々及老年申候得者、何卒生涯之間ニ相
弘御国益ニも仕度、乍恐右之段奉願上候、以上、

　　　安永七年戌正月　　　　　　　　　　　　　池上太郎左衛門印

33）注32と同史料

（中表紙）安永九年

　　　黒砂糖一件申立留帳

　　　子二月　　壱番

（前略）併和製之砂糖と存砂糖商賣仕候者共、持渡り之砂糖値段ゟ格別下値ニ買請
申候ニ付、私方ゟ甘蔗作り方并砂糖製立之傳法仕遣候而も、打續甘蔗作り立候上
製立可申と進ミ候もの少ヶ御座候、此段和製之砂糖多出来仕候ニ随ひ、持渡り黒
砂糖之渡り方御取〆り之所御勘弁被成下候ハ丶、此上和製之黒砂糖製立之儀相進
ミ候もの多罷成候ニ付、乍恐心願存知寄之趣奉申上、此段奉願上候、以上、

　　　　子二月　　　　　　　　　　　　　　　池上太郎左衛門

子二月廿四日駒場ニ而加筆被成、前書之通相認〆廿五日ニ飯田町於 御製方所植付
様ヘ御渡シ申候、

　注32と同史料

七月十日南御番所ゟ廻り御差紙ニ而、久右衛門町長重郎、材木町吉右衛門御呼出
シ有之候、吉右衛門罷出候所、山本茂市殿被申聞候者、先達而太郎右衛門ヘ相
尋候黒砂糖十丸之製法、當秋致出来候哉又ハ出来不致候哉、一両日中以書付申
達候様ニと被仰渡候、

34）注28と同史料

　　二月十日神田橋様ニ江上ル

　　　　　備前焼

　　極白之砂糖なし壺壱ッニ入　上箱桐

去卯年和州ニ作立候甘蔗を以製法仕、當春晒試申候所、上大白砂糖出来仕候ニ付、
乍恐奉入御覧度奉願上候、且又大坂表ヘも去年中種遣シ作立させ種段々ふヘ申
候、随而ハ摂州・江州辺ニ製方傳法望之者御座候、土地相應仕候様ニ奉存候間、
被為仰付被成下候ハ丶、當春中罷登伝法仕度奉願上候、以上、

　　　辰二月　　　　　　　　　　　　　　　　池上太郎左衛門

　此書付右之箱ニ添、井上氏ヘ相渡ス

箱ノ上書　　新製上大白砂糖

右二月十日

　幸豊の白砂糖の成功時期について、植村は「明和3年10月段階で、池上は白砂糖を安定的に製造する技術を確立したといえよう」（植村、1-2-1〔注1〕、92頁）と述べている。

　神奈川県史に翻刻のある「和製砂糖一件御用相勤来候由緒書写」に書かれていることからそのように推察しているのであるが、「由緒書」はその性質と、後に記されたものでもあるので、記されていることを鵜呑みには出来ない危険性を持っている。池上家文書は他にも史料が豊富に存在している。明和3年以降、黒砂糖をまず作ることにしていることからも、明和3年の時点で白砂糖を安定的に製造する技術を確立したとは言い難いと考える。本稿で論じているように、白砂糖生産の成功は天明3年もしくは4年をもって考える方が妥当であると考える。

　また天明4年の時点でもまだ"安定的"という表現を使うことは危険であると考える。

35）注34参照及び、

注28と同史料

同日右上大白一包豊嶋庄七殿ヘ出ス、

殿様ヘ御披露被成下候様ニと頼入候、

包紙ニ　去卯年和州ニ作立候甘蔗を以製法仕候、

上大白砂糖

如此ニ書付申候、

36）注34参照。

37）注28と同史料

和州ニ作立候甘蔗を以去暮製法仕候砂糖、當春晒候所上大白ニ罷成、御頭取様方迄奉指上候ニ付、乍恐被為掛　御聲被下置候様奉願上候、以上、

辰二月　　　　　　　　　　　　　　　　池上太郎左衛門

此書付二月十五日小林氏ヘ渡ス

別ニ大白砂糖少々紙包小林氏ヘ遣ス

和州作立候甘蔗ニ而製法仕候上大白砂糖、乍少々御手前様迄掛御目候、以上、

38）『和製砂糖諸用留　十』池上家文書　川崎市市民ミュージアム蔵

乍恐以書付御訴奉申上候

私儀砂糖為傳法、東海道筋・京・大坂其外廻村被　仰付、去四月上旬出立仕、御触流之場所無滞相廻り、當八月五日帰着仕、傳法望之者も七拾人余有之、傳授仕難有仕合奉存候、（後略）

天明六年午八月　　　　　　　　　　　　池上太郎左衛門

39）『製糖墾田一件諸用留　十一』池上家文書　川崎市市民ミュージアム蔵

乍恐以書付御訴奉申上候

私儀、此度甘蔗植殖シ并砂糖製為伝法、駿州吉原宿迄罷越候様被　仰付、今廿
　　　八日池上新田出立仕候、依之御訴奉申上候、以上、
　　　　　　申五月廿八日
　　　　　　　　　　　　　　　　　　　　　　　　池上太郎左衛門
　　　　　　　御役所

40）寛政元（1789）年に馬詰親音が記した「和製砂糖伝」の「是はしぼり取てもよき也」
　　という記述から、植村、谷口は以下のように指摘している。なお、根拠として使用
　　している史料は、次章にて扱う。
　　植村、1-2-1〔注1〕、267頁
　　　　土佐には池上の技術が移転されたのであるから、池上はすでに何らかの方法で
　　　　加圧による分蜜を行っていた可能性はある。
　　谷口、1-2-1〔注1〕、404-405頁
　　　　分蜜方法として「絞りとる」方法が言及されている点である。白下糖という
　　　　半流動状のものを絞るためには、布袋に入れるかあるいは大きな風呂敷状の布
　　　　に包んで、何らかの物体によって圧力をかけて蜜を分離するしかないであろう。
　　　　ここには明らかに、讃岐の和三盆糖の分蜜法に通ずる方法が言及されている。

41）「砂糖伝法方ニ付差出一札・前欠」および『和製砂糖一件御用相勤来候由緒書写』、
　　『和製砂糖製造弘方御用相勤メ来候由緒書』池上家文書　川崎市市民ミュージアム蔵

42）押し船を使用する方法は、享和元（1801）年の讃岐における製法の聞き書きにみる
　　ことができ、土を使う「覆土法」は行っていない。（小山某『砂糖製法聞書　全』『砂
　　糖の製法扣』ケンショク「食」資料館蔵）。詳細は第6章第2節参照のこと。

# 第2節　小　括

　田村元雄の推薦を受けた池上太郎左衛門幸豊は、明和3年から4年にかけて、田沼意次上屋敷、及び伊奈半左衛門役所において、少量ではあるが白砂糖製法の試作披露を行った。結晶化がされた後、幸豊は「絞る」「押し付ける」という簡易な「加圧法」を行っていた。幸豊は、瓦漏を使用しないでも加圧すれば分蜜出来ることを知っていたことになる。

　その翌年の明和5年に、幸豊は讃岐国高松藩士吉原半蔵へ製法を伝授していた。幸豊は「絞る」「押し付ける」という「加圧法」による分蜜も教えたのではないかと考えられた。

　第6章第2節で取り上げる、高松藩で行われていた砂糖生産法を記述した享和元年の聞き書きに「和三盆」の加圧技術がみえるが、それより以前の早い時期から、高松藩は「絞る」「押し付ける」という「加圧法」を採っていたのではないかと考えられる。

　「加圧法」は、その後、瓦漏を使用しない分蜜法として主流となり現在に至っているが、この方法が江戸時代後期になって突如出現したのではなく、白砂糖生産の萌芽期の段階で行われていたことが明らかになった。

　「覆土法」については、天明年間に白砂糖製法の見分を受けた際に行われている。そして、このときの製法では、甘蔗の出来が悪かったためか、黒色成分を含む蜜の抜けが悪く、何度も「覆土法」を行っても、「大白」にはならなかった。

# 第5章

## 白砂糖生産　第4期
### 寛政年間の方法

第5章　白砂糖生産　第4期

# 第1節　池上太郎左衛門幸豊の白砂糖生産方法
## その2

## 1.　はじめに

　寛政年間は幕府がさらに積極的に砂糖生産へ乗り出した時期と位置付けることができる。

　前章でみた池上太郎左衛門幸豊（以下幸豊と記す）は、それまで一子相伝として誓書をとり謝礼金2分を受け取って砂糖製法を伝授していたが、寛政元年にはそれを廃し、被伝授人が、製法をさらに広めていくことを認め[1]、砂糖製作の普及に拍車がかかった。

## 2.　史料と背景

　土佐藩士馬詰親音（以下親音と記す）は、幕府御書物奉行格奥詰成島和鼎の紹介により幸豊宅において砂糖製法を伝授された。親音は、寛政元（1789）年2月29日に幸豊宅で製法を聞き、甘蔗300を譲り受けて帰国した。幸豊からの伝授の製法を親音は「和製砂糖傳」として記録している[2]。（写真5-1-1）

　一方、幸豊は、親音への伝授の後に、言い残しがあったのではないかと書簡をしたためている。「白糖製」と題する一状は[3]、池上家に下書き或いは控えとして残されていたものと考えられる。この書状には作成年月日が記されてはいないが、文面から親音が伝授を受けた寛政元年2月29日以降のものと考えられる。本史料は幸豊自らが記述した伝授の製法と位置付ける事が出来る。（写真5-1-2）

　また寛政元（1789）年と2（1790）年に幸豊が実際に作った砂糖の『糖製手扣帳』と題する史料がある[4]。本史料は製法手控と目されるもので、先の史料のように、誰か他人へ伝授するために特に記されたのではないと考えられる、本人の覚え書きである。どこの甘蔗をどの位絞り、その糖汁がどの位搾取されたか、そして砂糖がどの位出来、蜜はどの位であったかについて記されている。さらに本史料には、製法技術の概要を窺い知ることが出来る手控も含まれている。

109

(写真5-1-3)
　以上3点の史料はほぼ同時期に記されたものと考えられる。

5-1-1　『皆山集』（高知県立図書館蔵）

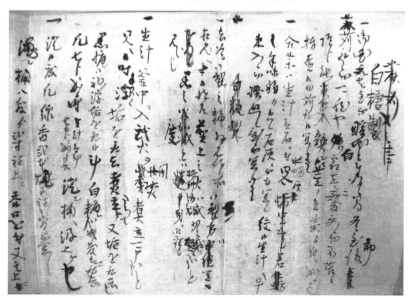

5-1-2　「白糖製」（池上家文書　川崎市市民ミュージアム蔵）

第 5 章　白砂糖生産　第 4 期

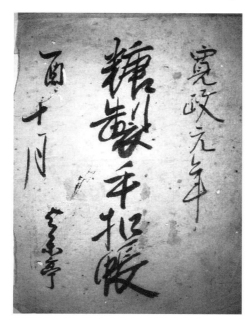

5-1-3　『糖製手扣帳』（池上家文書　川崎市市民ミュージアム蔵）

## 3.　親音が記した幸豊の製法「和製砂糖傳」より

「白砂糖」と「大白雪白」の分蜜法については、以下のようにある。
白砂糖製の事
1. 縮糖液を容器に入れ、土地によるが30 〜 40日もすると底に白砂糖の結晶を結ぶ。大抵冬に製法を行い、春に結晶化する。
2. 結晶化した砂糖をとって、蜜が入らないようにして、「瓦溜」（瓦漏）に入れて蜜を滴り落とす。これは絞ってもよい。

大白雪白製の事
1. 大白雪白は、分蜜された「白砂糖」を瓦溜に入れ、黄泥水と唐では言っている赤土を壁に塗る土よりも少し固く練って、「瓦溜」（瓦漏）の中の「白砂糖」の上に、何も敷かずに直に入れる。
2. 4、5日も置くと、蜜がまた滴り落ちて大白になる。
3. 固くなった土を取り除いて、砂糖の下の方は一度に大白にはならないので、再び黄泥水を入れて蜜を落として大白とする。
4. 事の他、砂糖は減ってしまうので、3、4升もなければならない[5]。

111

以上からわかることは、分蜜操作の段階別特徴である。まず第1段階では、次の2点が挙げられる。第1点は、煮詰めた濃縮糖液を直接瓦漏へ入れるのではなく、容器に入れて結晶化を待つことである。結晶化の時間は1ヶ月以上も要し、しかもその結晶は、底に沈むとしている。第2点は、分蜜法として、瓦漏に入れるか、または絞ってもいいとしていることである。このように「瓦漏に入れる」という「重力法」と、「絞る」という「加圧法」が、並列の分蜜操作として位置付けられて記されている。

　第2段階の分蜜法として挙げられている「覆土法」は、「大白雪白」の製作で施すとし、白砂糖製作では特に記されていない。したがって、瓦漏に入れるか、または絞って分蜜を行った状態の砂糖、すなわち、脱色の度合いはそれほど高くはない砂糖を「白砂糖」と称していたと考えられる。

　「大白雪白」の製作で施す「覆土法」の土の様相の一つとして使用されている「黄泥水と唐では言っている」という表現は、『天工開物』で使用されている「黄泥水」[6] を指していると考えられる。『天工開物』が示す「黄泥水」は水分が多い泥水であるが、この表現は赤土にかかる形容詞として使われているので、それよりも水分が少ない、すなわち壁に塗る土より少し固い位と、具体的な水分量の目安を示すものと読み取ることが出来る。

　しかし、「黄泥水」という表現と「赤土を壁に塗る土より少し固く練り」という表現の間には、土の水分量、土の色ともに明らかな差異がある。それぞれ様相の異なる土を示したとも考えることが出来、幸豊が書いたものではなく親音による聞き書きであるという史料の性質上、不明瞭な点もみられる。

## 4.　幸豊が親音に宛てた「白糖製」より

分蜜法は以下のように記述されている。

1.　濃縮糖液を直接「瓦溜」（瓦漏）へ入れ、最初は底の穴に木の栓をして、砂糖が固化したら、その後藁で柔らかく栓をして、藁の間から蜜がしたたり落ちるようにする。

2.　10日ほどで蜜は滴り落ち、砂糖が乾いた時に黄土をかたく練って、厚さ1寸程置く。

3.　黄土の様相は、砂が混じっておらず、粘りがあり、色は黄色に白が混じっているのが良い。

4.　黄土と砂糖との間には、何も隔たりをせず、この土を置いてから「瓦溜」

第 5 章　白砂糖生産　第 4 期

（瓦漏）の底の穴に差し込んだ藁を徐々に抜いていくと、蜜が少しずつ滴る。

5.　20 日もすると、土が乾くのでそれを取り除き、匙で（瓦漏内の）砂糖が白くなった部分をすくって取り出し、その跡に前と同様にして土を置く。

6.　このような（操作を）3 回行うと、（瓦漏内の砂糖のうち）半分ほどが清白となる。（瓦漏の）底の方に溜まっているのは、並大白という。

7.　この清白の砂糖を桐の箱に入れ、夏の間は蓋を開けず、秋になって寒くなったら箱から出す。雪のようである[7]。

　幸豊は、瓦漏に濃縮糖液を直接入れる分蜜法と、それに続く「覆土法」を採用する分蜜法を親音へ指示している。

　「覆土法」に用いる土の様相は、砂が混じっておらず、粘りがあり、色は黄色に白が混じっているのが良いとし、固く練って使用する。すでに乾いた砂糖に「覆土法」を施すとあるが、瓦漏内の砂糖がすべて乾いた状態であるとは考えにくい。これは、逆円錐形の瓦漏内に、逆円錐状に固化している砂糖の塊の上部表面付近が乾燥している状態と考えられる。土の水分量の目安は本史料からは不明であるが、少なくとも乾燥した土ではなく、固く練ることの出来る程度の水分含有量であったのではないかと推測される。逆円錐状の砂糖上部に湿気を与え、ショ糖の結晶の周りに乾燥して付着している蜜を動かす程度の水分量はあったのではないかと考えることが出来る。


## 5.　幸豊が実際に行った『糖製手扣帳』より

（1）瓦漏について

　まず、第 1 段階の分蜜で使用される瓦漏についてであるが、幸豊は、分蜜は瓦漏の形状によると考えていた[8]。重力による下方向への分蜜に加えて、蜜が逆円錐形である容器の壁面へぶつかり、その反発力もより有効に蜜を動かすことに関与したのではないかと考えられる[9]。

（2）結晶化について

　幸豊は、寛政元年 9 月 29 日に、糖液濃縮に使用している鍋の中で結晶化が起こったことを記している[10]。また、勘定奉行久保田佐渡守から和製砂糖の普及の現状について尋ねられ、寛政元年 12 月 3 日付け書付で、広い製法所を幸豊の屋敷内で作ることを提案した際にも、鍋の中で砂糖を成すことを覚えたことを

113

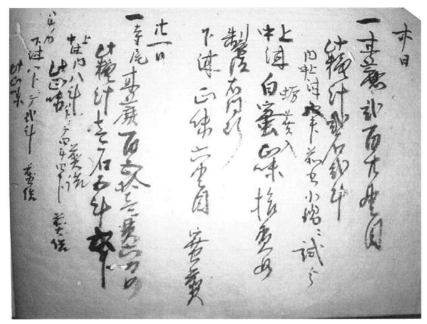

5-1-4　寛政元年10月12日の幸豊の製糖メモ『糖製手扣帳』
（池上家文書　川崎市市民ミュージアム蔵）

記している[11]。砂糖を成すとは結晶化を意味すると考えられるが、鍋の中で早い時期に結晶化させ得たことは、幸豊の製法技術の一歩前進であったと共に、これまでいかに結晶化に時間がかかっていたかを物語る証左であると考える。

寛政2年分には、浜御殿で栽培された甘蔗を使用した製作手控もある。10月13日に、浜御殿の甘蔗500本が到来した[12]。10月20日には、この甘蔗を用いて製作した砂糖の報告が提出されている。それには、甘蔗500本から得られた濃縮糖液は1貫目程で、この内の200目は白砂糖用に製作し、残り800目は下品であるため、すぐには結晶化しない様子であることが記述されている[13]。濃縮糖液が下品の場合、短時には結晶析出に至らないと考えられる。

結晶の大きさに関しては、砂糖には結晶の粗めと細かめがあり、それは甘蔗の善し悪しによるというが、むしろ煮詰め方で粗めにも細かめにも成ると幸豊は記している[14]。そして細かめの砂糖には晒しを掛けてはいけない[15]、すなわち「覆土法」を施してはいけないとしている。結晶が小さい場合、覆土に含まれている水分の滴下によって、結晶までも溶解してしまうので、「覆土法」を行ってはならないということを示したと思われる。

（3）分蜜法について

　「覆土法」に使用していた土の様相がわかる記述として、寛政2年4月5日に「泥水」[16]、寛政2年10月20日には「田土」[17] がみられた。いずれも水分量が多い土であったと考えられる。これらの泥に、「酢」を加えたと考えられる記述も付加されている[18]。しかし、数日後には「酢不宜か」との記述も認められ[19]、酢の作用については、実験過程にあったものと考えられる。

　その他、寛政2年に記されたと考えられる箇所には、「大白雪白」の製法が具体的に記されている。その分蜜法の第1の手順は、濃縮糖液を瓦漏の中に入れて翌日に固まるのを待ち、瓦漏から砂糖の塊を取り出し、瓦漏の底に箕を敷いて、その上に荒めの布を敷き、瓦漏の内壁には紙を廻らせてから瓦漏の中へ砂糖を戻すというものである。第2の手順は、瓦漏の中に戻した砂糖の上部に紙を置いた上で「しる土」を置く「覆土法」である。「しる土」とは水分の多い土であると考えられる。また瓦漏の内壁にも紙を入れ、それらの紙を土と共に幾度も替えるとある[20]。瓦漏の内壁にも紙をいれるというのは、紙に蜜を吸着させて取り除くことを期待したのではないかと考えられる。しかし、当該箇所には、いつこのような方法を施し、どの位の「大白雪白」が出来上がったかについての具体的な記述はない。

　「大白」の名称は、先にみた寛政2年4月5日からの製糖記録のなかに見ることが出来るが[21]、この「大白」と「雪白大白」の製法が同じであったのかどうかは不明である。

　以上のように、寛政2年時点において、幸豊が「覆土法」に使用した土は、「泥水」「田土」「しる土」と表記されているように、水分が多いものであった。

　一方、「絞仕上」という「加圧法」による分蜜も行われていた[22]。玉黍から作る砂糖製作では、結晶が底に沈み、それを絞ってから、瓦漏には入れずに日に干すという方法が記されている[23]。「絞る」という「加圧法」が分蜜法の1つとして実践されていた。

　寛政2年2月18日に始まる製作記録には、晒土を置くことと、絞ることの両方が記されている。日付の記載もあり、製作工程の概要を窺い知ることが出来る。

1. 2月18日に甘蔗を絞り煎じた。
2. 翌日19日から21日まで雨が降り、22日に少し温めて23日に日に干すと悉く結晶化した。その正味は220匁で2月26日に「瓦溜」（瓦漏）へ移した。
3. 28日には布を敷いた上に晒土を置いた。
4. この晒した砂糖の正味は86匁で、但し絞りの分である。そして晒しの

黒水と絞り蜜を合わせて蜜は91匁であった[24)]。

以上は、まず「覆土法」を試み、その後、瓦漏の中の砂糖を取り出して、絞るという「加圧法」によって分蜜した記録であると考えられる。この記録からわかることは、「覆土法」をまず施しているので結晶は大きかったと考えられ、それでも絞るという方法も行って分蜜していることになる。結晶が大きくても、蜜がうまく抜け落ちなかったのではないかと考えられる。

## 6. まとめと考察

寛政元年における幸豊の重要な技術的要素の変化は、鍋の中ですぐに結晶化させることに成功したことである。親音へ伝授を行った寛政元年2月29日の時点では、鍋から容器に濃縮糖液を入れ、容器の底に結晶が析出するのに1ヶ月以上も要していたことが窺われた。それが同年9月29日の製作で、鍋の中ですぐに結晶を析出させることに成功している。

3史料を通じて、結晶および結晶と蜜が存在する状態が、分蜜法を決定する要因であることが明らかになった。

結晶の大きさは、甘蔗の状態や煮詰め加減によって大きくも小さくもなったが、煮詰め加減の方が影響は大きいと幸豊は考えていた。そして、結晶が小さければ「覆土法」を施してはならないと幸豊が考えていたことも明らかになった。

絞るという「加圧法」は、結晶が下に沈み上部に蜜が存在している場合、「覆土法」を施した後に蜜がうまく抜けていないと考えられる場合に行う場合が認められた。すなわち第1段階の分蜜によって行う場合と、第2段階の分蜜後においても行う場合が考えられた。

「覆土法」の土については、「黄泥水」「赤土を壁に塗る土よりも少し固く練ったもの」「砂が混じっておらず、粘りがあり、色は黄色に白が混じっている土を固く練ったもの」「泥水」「田土」という土の種類があった。「雪白」の白砂糖製作には、「しる土」を使うとし、水分が多いと考えられる泥であった。

そして、砂糖と土の間に紙を敷くかどうかは、土を固く練ったものには敷かず、水分が多い泥の場合には敷くとしていたと考えられる。

池上家文書の「沙糖製」と題する作成年代が不明の一状に、乾いた土の使用が記されている[25)]。乾いた土の使用は、第3章で述べた池上家に残された田村元雄の製法として記されている史料にも見ることが出来、その製法を幸豊も試してみたと考えられる。すでにみたように、幸豊は田村元雄からも砂糖製法を伝

授されていた。しかし、本章で扱った史料からは乾いた土の使用はみられない。第3章では乾いた土で田村元雄が試作を行っていたことを明らかにしたが、最終的に幸豊が行き着いた方法は乾いた土の使用ではなかったと考えられる。

　寛政元年と2年の時点で幸豊は、水分が少なく固めの土と水分を多く含んでいた土の両方で「覆土法」を行っていたとともに、絞るという「加圧法」も採用していたことが明らかになった。

〈文献と注〉

1)『製糖墾田一件諸用留　十二』池上家文書　川崎市市民ミュージアム蔵

　　　　　乍恐以書付奉申上候

　（中略）、人々江製法相進メ申候得共、作り馴さる作物故値段引合等疑、捗々敷弘り兼候様ニ奉存候、（中略）、一子相傳之外他言相成、且為謝礼金弐分宛為指出候て、右傳法ニ付候費用等之手当ニ仕来候所、此以後右謝礼之儀も相止メ、製法致度実意を以望候者へ者誰成とも應其意、無礼金ニ而傳法仕候ハヽ、弘り方之ためニも可相成哉と奉存候、（中略）

　　　　寛政元年酉七月　　　　　　　　　　　　　池上太郎左衛門印

2)「和製砂糖傳」『皆山集二十五巻』高知県立図書館蔵、および『皆山集第九巻』高知県立図書館、昭和50年、575〜578頁を参照した。

　　日本ニて砂糖を製する事古昔はきかす　有徳廳享保年間ニ御世話有りて唐より苗を取よせられ濱の御殿ニて製せられシと云へり、其後漸く江戸にひろまりたりと云、又薩藩ニて製する事は何ころよりの事にや詳に聞す、又武州川崎ニ池上太郎左衛門とて数代此処に住せる浪人有、砂糖を製する事に心を用る事久して製法を能くする事を得たり、去戊申年白川侯なとの御世話ニて、伊奈摂津守・成島忠八郎の二人をして此事にあつからしめ池上太郎左衛門ニも命を下シ、是を製シ且天下ニ弘めん事をしめさる、予成島和鼎に請ひ茲歳二月廿九日池上か許ニ行て傳法を聞く事を得、甘蔗三百を求て帰る、其旨左ニ記

3)「白糖製」池上家文書　川崎市市民ミュージアム蔵。尚、川崎市市民ミュージアム編『池上太郎左衛門幸豊』（川崎市市民ミュージアム、2000）を参照した。

　　（前略）右之趣、先年私方へ御入被下候節申上候得共、若申落候義も可有之哉と、老衰病眼之運筆御見わけかたくも有御座候得共、書付進覧候、他見者御用捨可被下候、乍憚貴君之御厚情奉感候ニ付、如此御座候、御別紙之金玉忝奉感吟候

　　　　猶植そへてと有之、

　　　　御返し

　　　　甘きひを猶植そへて世を恵む根さしや深きこゝろ成らん

　　と奉存候、　　　　　　　　　　　　　　　　　　幸豊（花押）

　　　　　　親音の御ぬしの御もとへ奉候、

4）『糖製手扣帳』池上家文書　川崎市市民ミュージアム蔵。

5）注2と同史料

　　　　　　　　白砂糖製之事

　白砂糖も汁を鍋ニ入、武火ニてたき、アカのある汁をとる事黒ニ同じ、黒砂糖者一
度とれとも白ハ幾度も細まかなるスイノフにて取よく取らねハ白くならぬ、能とり
ボレイを入る事黒ニ同じ、一升の汁を六合にたきつめたる時すまし桶と云う、そこ
より一寸斗置て穴をあけ、くたをさしたる桶に六合ほどの汁を皆うつし、清すため
に少しボレイを入、清む間ニ鍋をよくあらひきよめて、清たるくだより鍋へうつし、
底のいたたまりたる汁を不入様にして又武火ニてたく、淡沸登するとき火をひく
事黒に同し、淡ニ聲のてきたる時文火ニして、凡一升の汁を二合まてたきつめ、種
を入器ニてかこひおけハ土地により三四十日を経て器の底ふちへ白の砂をむすぶ也、
大方冬に製シたるか春になりて砂をむすふ也、その砂をこそげて取、蜜のようなる
汁を入ぬやうにして瓦溜ニ入て、蜜の如き汁をたらす也、是はしほり取てもよき也、
是ニて白砂糖ニなる、白ハ水ニおとして試る事なし、瓦溜すやきのカタ口の類ニて、
そこに穴のあきてそれよりおつるやうにしたるもの也、


　　　　　　　　大白雪白製の事

　大白ハ右の白を又瓦溜ニ入、黄泥水と唐にてハ云赤土をかべをぬる土より少かたく
ねり、右の白砂糖の上へあいたへなにもしかす直ニ入、四五日も置けハ蜜の如き汁
又たりて大白ニなる、上のかたき土を去てとり、下ハ一度ニ皆大白にならぬ故、又
黄泥水を入て蜜をたらして大白とする也、ことの外砂糖へるもの故、三四升もなけ
れハならす、これニて一通りの傳法ハすむ也、氷砂糖ハブタのあむらを入ると云説
あれと末傳を得されハ詳ならず、
　　　　今砂糖製する事盛なるは薩摩也、尾州駿州も製する事を覚へて今これを能せり、
　　　　右寛政改元春成島峯雄池上幸豊傳を聞て記之、

6）宋應星『天工開物』静嘉堂文庫蔵
　　　　　　　　造白糖
　（前略）然後去孔中塞草用黄泥水淋下（後略）

7）注3と同史料
　　（前略）
　　㈠　輪を成候迄ニ煎候得ハ、汲上候而早速ニ砂を結候得共、色不宜候、度ハ、輪
　　　　ゟ已前ニ火ヲ去、ぬれ菰を手早ゟ竃冨⃛の中ニ入、瓦溜ニ可汲入事、
　　一　瓦溜之製天工開物ニ在之候通、底ノ小孔さし渡五分程ニして、木のせんをか
　　　　たく指て可汲入、糖かたまり候時せんを抜、藁を和らかにせんにすへし、
　　　　藁の間ゟ黒汁したゝり候、凡十日計ニ而、<sup>黒汁</sup>蜜糖也、乾候時ニ黄土をかた

く煉候而厚壱寸程居申候、

　一、黄土之事、蔗植付被仰付候近辺ニハ有之間敷と奉案候、山ヘ寄候所ニ可在之哉、
　　　砂交不申候而ねはり有之、色ハ黄ハ糖ミ相見ヘ候宜く、黄土ハ糖との間ニ何
　　　にても隔なし、此土ヲ居候而小孔ノ薬ヲ段々ニ抜去て黒汁少々ツヽしたヽ
　　　り申候、日数廿日計にして土乾候ハヽ取去り、糖白成候をヒニ而取、外ヘ移
　　　し跡ヘ又右之通土を居候、如此三度程ニて過半清白と成、溜之底之方ハ並
　　　大白と成申候、

　一、右之清白ノ糖桐ノ箱ニ入、夏之間ハ蓋不可開、秋冷来て箱ゟ出ス、如雪、
　　（後略）

8）注4と同史料
　　　一、晒ノ〼瓦溜ニ製ニ有之事也、蜜ノ抜ヶ不申ハ全瓦溜之製也

9）荒尾美代「ベトナム中部における伝統的な白砂糖生産について ―「覆土法」を中心
　　にして―」『技術と文明』第14号　第1号（2003年）、53頁。および付論参照のこと。

10）注4と同史料
　　　　九月廿九日
　　　一、森川様ヘ上ヶ候蔗之残
　　　　　此貫め六貫め
　　　　　　　　糖汁壱斗五升
　　　　　内三貫五百め
　　　　　　　　此正味　百七拾匁
　　　　　此製　牡蛎四合之割　柳煎
　　　　　鍋中ニ砂ヲ成ス

11）注1と同史料
　　　　　乍恐以書付奉申上候
　　　一、去十一月廿八日　御勘定御奉行久保田佐渡守様ニ被召出、其節江戸本材木町
　　　　紀伊国屋吉右衛門も一同被召出御尋之趣、御答之義、（中略）
　　　　太郎左衛門義、池上新田被下地之内ヘ製法所被仰付候ハヽ手弘ヶ製法仕、
　　　　傳法望人へ見せ候ハヽ弘り方可然旨申候段申上候ニ付、（中略）、太郎左衛門
　　　　儀、数年砂糖製法之儀相考、鍋之内ニ而砂糖ニ成候様仕覚候義　御国益之
　　　　筋ニ候間、（後略）

12）注4と同史料
　　　　十三日
　　　　（中略）
　　　　外ニ
　　　　　浜御殿甘蔗五百本
　　　　　此貫目　廿八貫め　　此夕来

13) 注1と同史料

　　　此間頂戴仕候浜　御殿御地面之甘蔗を以製法仕、八丈嶋久五郎ニ為見習無滞傳

　　　法仕、難有仕合奉存候、（中略）

　　　　　戌十月廿日　　　　　　　　　　　　　　池上太郎左衛門

　　　　　成嶋忠八郎様

　　　　　成嶋仙蔵様

　　　御殿蔗五百本　　弐拾八貫目

　　　此糖汁弐斗八升

　　　　此糖壱貫目程も可有御座候哉

　　　　　内白ニ弐百目程製申候

　　　　　　是は至極宜敷相見へ申候

　　　　残八百目程ハ下品ニ而、急ニは砂を結ひ申間敷様子御座候

　　　此段状ニ而申上候

14) 注4と同史料

　　一、砂糖荒目ト細目ト之事

　　　　蔗之善悪によるといへとも、夫ゟも煎方ニ而荒目ニも小目にも成候也、筆紙

　　　　口伝に難及候、工夫可被致候事

15) 注4と同史料

　　一、小目成砂糖ハ不可晒事

　　一、晒ヲ掛ヶ候事冬中宜し、春も彼岸前迄ハ宜し、彼岸後ニ成候而砂ニゆるミ付

　　　　候間減リ強シ、惣而彼岸後ゟ取扱候事不宜し

16) 注4と同史料

　　　　四月五日土居

　　一、白糖四百七拾匁　　晒掛ル

　　　　三番汁細長瓦溜ザット絞リ候也、

　　　　十六日土居替、泥水ニ為、水二酢壱

　　　　廿七日土取去大白ト成ル、面ニアカ在リサット掻集取、蜜百廿四匁、四月廿

　　　　九日、五月朔日又土置水斗

17) 注4と同史料

　　　△糖汁5升弐合　元末一所ニ残シ分

　　　右正味弐百七拾匁　壱升五十一匁ニ當ル

　　　十月十七日瓦溜ニ入ル

　　　　同廿日ニ土居　田土酢

　　　瓦溜ニ移事遅キ故ニ不平ク乾

　　　　十月廿五日土居替　酢不宜か

（一）、瓦溜移候事早キ故ニ溜ノ中平ニ乾

一、本宅蔗白糖弐百目

　　　十月十九日瓦溜ニ入

　　　同廿日ニ土居、田土酢

18）注16及び17参照。

19）注17参照。

20）注4と同史料

　　　一、雪白之事

　（中略）汲上ケ翌日堅リ候時ニ、溜方出シ、溜ノ底ニ簀ヲ敷、荒キ布ヲ敷、廻リヘ紙ヲ
　入レテ右之砂糖ヲ入、上ニ紙一枚かけて土ヲ置、しる土ヲ置へし、二三日毎廻リ之
　紙ヲ入かへ、上ノ紙ト土トヲ置替ル、廻リ紙幾度も入替へし

21）注16参照。

22）注4と同史料

　　　色を直し候合薬之事、是ハ絞仕立之時之事也

23）注4と同史料

　　　八月十日煎法

　　　一、玉黍實六拾貫目余

　　　　　此糖汁四斗余　（中略）

　　　右瓶之底ニ在之候、砂ヲ絞リ候而、

　　　正味壱貫め程も可有之歟、

　　　入梅後ニ右之内ヲ絞ル、

　　　戌七月朔日二日三日、日ニ干ス、（後略）

24）注4と同史料

　　　一、春製　二月十八日

　　　　　蔗百五拾本

　　　　　此糖汁四升五合

　　　　　活火澄又活火之仕上ヶ、水中玉を成ス、黒水不見度トスミツ也、

　　　　　翌日雨天、廿日雨天、廿一日又雨天、廿二日少温〆廿三日ニ干ス、悉砂ヲ結フ

　　　　　正味弐百廿匁、廿六日溜へ移ス

　　　二月廿八日晒土置、尤ゆるくて布ヲ敷

　　　　　此晒正味八拾六匁

　　　　　　　　尤絞ノ分　　　　　　内五匁浅草へ上ル

　　　　　此蜜晒之黒水并絞蜜共ニ、蜜九十壱匁

　　　　　四十三匁不宜し

25）「沙糖製」池上家文書　川崎市市民ミュージアム蔵

　　　（前略）扨、かたまりたる時、かはきたる土まつりかよし　を右の上ニ入置候へハ、

沙糖白くさら〳〵と成也、いつまてもかはく迄瓶ニ入置事也（後略）

また、『天工開物』の方法を引きながら、黄色のねば土を日に干し細末にして
水を加え、壁土よりも緩く練ると説明している史料もある（『造白糖』池上家文
書　川崎市市民ミュージアム蔵）。一度乾かしてから細かく砕いて水を入れると
いう方法である。

第5章 白砂糖生産 第4期

## 第2節　木村又助の白砂糖生産法

### 1.　はじめに

　寛政2 (1790) 年2月池上太郎左衛門幸豊は、幕府方への伝授も命じられた。その中に吹上筆頭役木村又助（以下又助と記す）の名がみえる[1]。又助は寛政2年11月に紀州へ向かう前に、幸豊が製造した砂糖を実見するために幸豊宅へ立ち寄った。この時又助は、幸豊が前年冬に製作した「白糖」と「紅糖」、さらに当年、幸豊宅で製法を伝授された八丈島の久五郎が作った、まだ瓦漏の中に入っている「白糖」を実見している[2]。本節では、このように、幸豊とも関係があった幕府方が記した製法をみていくこととする。

### 2.　史料と背景

　又助は寛政4年に『砂糖製作傳法書』[3]を記し、それには白砂糖と黒砂糖の製法が述べられている。そしてこの史料の最後に、又助は、上手くできないか、または作り方を習いたいと思っていても道具がない者は、吹上砂糖製作所へ願いを出せば、見習わせた上で、実際に本人に製法もさせて覚えさせると記している[4]。

　サトウキビの栽培には、幸豊からの伝授によって成功したものの、砂糖製作については道具も必要であることから、及び腰になっている者もいた[5]。サトウキビの栽培は広まりつつあり、幕府も積極的に砂糖製作の技術指導にも取り組むようになったものと考えられる。

　寛政9年には、又助を筆者として、幕府方による初めての砂糖生産に関する官書『砂糖製作記』が版行されている。

　又助は『砂糖製作記』の序文の中で、「人の秘伝としていた方法をみだりには書くことが出来ず、所々に口伝と書いて残していたが、命が下って、口授とされていた秘伝を、聊かも残すことなく書いた」としている[6]。幕府としては、製法を秘伝としていては砂糖製作の普及が進まないと考えたのである。

　本節では、又助が寛政4年に記した『砂糖製作傳法書』と、寛政9年に記した

123

『砂糖製作記』の分蜜法を中心に考察する。

### 3. 寛政4年『砂糖製作傳法書』

（1）白砂糖の分蜜法は以下のとおりである。
1. 直接「とふろ」（瓦漏）へ、濃縮糖液を入れる。
2. 木の篦で（瓦漏の中を）上下に掻き混ぜ、暫くしてからまた掻き混ぜ、冷ますと、白砂糖の下地が出来上がる。
3. 甘蔗の善悪や火加減などによって、（瓦漏に濃縮糖液を入れた）当日砂糖にならないことがある。当日砂糖にならず、日をおいてから砂糖になるときは、どんなに晒しても白砂糖の艶はなく、上大白にはならず、手間が掛かる。
4. 当日結晶化されているときは、翌朝氷が張りつめているように固まる。この時に「とふろ」（瓦漏）の底に最初挿している木の栓を抜き、附木を4、5枚巻、藁しべを3本程その中へ入れて、これを「とふろ」（瓦漏）の底へ挿し替えると、直ちに蜜が附木の透き間から下へ滴ってくる。
5. 10日程経って、（逆円錐状の砂糖の塊の）上の方が乾いたら、晒し土を塗る。

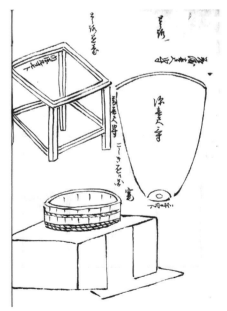

5-2-1　瓦漏と、瓦漏を置く台、および竈の上に甑をかけている図（『砂糖製作傳法書』静嘉堂文庫蔵）

土の厚さは2寸位で、土はへな土の類がよい。

6. さらに10日程経って土が乾いて干し割れた頃、土を取って晒しをやめる。晒した砂糖を取り上げるには、鉄杓子がよい。

7. 晒しは1度行っただけでは、下まで通らないので、取り上げた跡へまた前のように新しい晒し土を掛ける。このようにして次第に晒し上げて白砂糖を取る[7]。

　又助は、煮詰めた濃縮糖液を、何か容器に入れて結晶の析出を待つのではなく、直接瓦漏に入れる方法を採っている。当日砂糖にならないというのは、結晶化されていない状態の意と思われる。そのようにすぐに砂糖にならないのは、サトウキビの善し悪しと煮詰め加減によるとし、日数を経てから砂糖になるものは、「覆土法」をどんなに施しても白砂糖の艶が出ず、「上大白」にならない上、手間が掛かるとしている。このように、すぐに結晶化され、瓦漏内全体が固化している状態であるかどうかが、出来上がった砂糖の質を決める要因としている。

　「覆土法」に使用する土については、種類はへな土、すなわち粘土質というだけで、水分量の目安となる表現はないが、10日ほど経って土が乾いて干し割れた頃に土を取り除くとしているので、土には水分が含まれていたことがわかる。また土の厚さは2寸位としているので、その厚さを形成できる程度の水分量であったと考えられる。すなわち、水分が多い「泥水」では2寸の厚さを形成することは難しいので、そこまで水分が多くはなく、厚さ約2寸を形成できる程度の水分含有量の土を使用したことが察せられる。

　また晒し上がった砂糖を取り上げる際に、鉄の杓子の使用が良いとしていることから、分蜜後の砂糖は、日数が経過して乾燥が進んでいる堅固状であったことが窺われる。

（2）「和三盆」技術道具の示唆

　白砂糖を作る分蜜法ではないが、後の「和三盆」技術への移行の要素を本史料から読み取ることができる。

　それは、黒砂糖製法伝法の項に記されている、サトウキビの茎の圧搾に関する技法である。

　本史料は絵図面も含まれているものであるが、そのような道具ではなくても、あり合わせの鍋や釜でも出来るとしている。サトウキビを絞るには、図にある

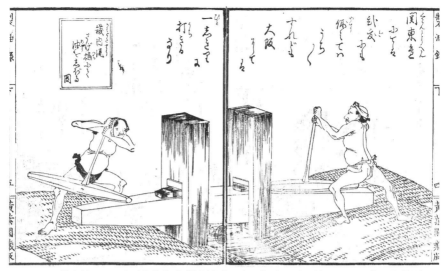

5-2-2　油を絞るしめ木（大蔵永常『製油録』天保7年（1836）所収、国立国会図書館蔵）

ような轆轤を使用しないでも、サトウキビの茎を1、2寸に切って、灯明用油を搾る木の道具や、醤油を搾る道具でも圧搾汁は取れると教えている[8]。これらの搾る道具とは、「しめ木」・「押し船」であったと考えられる。このことは、「加圧法」による分蜜法として「押し船」を使うことになった道具の示唆となった可能性がある。サトウキビの茎を搾るか、糖液を煮詰めたあと、ショ糖の結晶と蜜を分離させるために搾るかは、製作工程の上では違うものの、どちらも加圧して搾るという操作である。技術普及に積極的になった幕府方が、既存の道具の代替利用を具体的に教示していることは、「加圧法」による分蜜法を採る「和三盆」技術の成立に影響を与えた可能性があったのではないかと考える。

### 4.　寛政9年『砂糖製作記』

本史料には、サトウキビの栽培法、および「大白砂糖」、「次白砂糖」、「三盆大白」、「黒砂糖」の各種製法が記されている。「次白砂糖」は、おおよそは以下に記す「大白砂糖」の作り方と同じで、瓦漏による分蜜は行うが、「覆土法」を行わないものであるとしている[9]。一方、「三盆大白」は、「大白砂糖」に水を加えて再び煮詰め、卵白を入れて糖液を清浄して、その後は「大白砂糖」と同様に瓦漏に入れ、「覆土法」を施すものである[10]。

第 5 章　白砂糖生産　第 4 期

「大白砂糖」の分蜜法は以下のとおりである。

1.　濃縮糖液を瓦漏に入れて風に当て、人肌に冷める迄の間に、匙という木板で、4、5度掻き混ぜる。掻き混ぜすぎると、蜜が結晶に交じって乾かなくなる。

2.　1夜経って、瓦漏の中の砂糖が乾くのを待って、瓦漏の底の孔に差し込んでいた木の栓を抜き取り、杉の葉か「廢爆（つけき）」で栓をして置いておくと、蜜がこの間から滴り落ちる。

3.　約14、5日過ぎて、瓦漏の中の砂糖がよく乾いてきたら、「黄土（へなつち）」を練って、砂糖の上面を塗り塞ぎ、風に当てておく。

4.　土が乾いて折れるのを目安として、土を取り、その下の砂糖を取る。

5.　何度も黄土（へなつち）を塗って、だんだんと砂糖を取っていく。

6.　大白の製において、「覆土法」を施すと、次白の砂糖に比べて、斤数は半減する[11]。

　濃縮糖液を直接瓦漏へ入れた後の木板による攪拌は、結晶を析出させるために振動を与えていると考えられる。木板で掻き混ぜすぎると、蜜が結晶に混じって乾かなくなるとしているが、このことは結晶が大きくなるのを阻害するとともに、結晶が蜜を取り込んで「重力法」によって分蜜されにくいということの指摘とみられる。

　「覆土法」用の土は、黄土とし、ルビが「へなつち」とふられているので、黄色の粘土質の土と考えられ、それを練って上面を塗り塞ぐとしている。「泥」という字を使っていない点と、練って塗り塞ぐという記述から、水分量はそう多くはなく、塗り塞ぐことの出来る程度の水分含有量であったことが察せられる。

　また、土が乾いて折れる時を、土を変える目安としているが、「土が乾く」ということを、又助は意識していたと考えられる。そして、3章でも触れた『閩書南山志』を引用して、「覆土法」の起源についても付言している。すなわち、中国における「覆土法」の発見について記された、砂糖を煮置いていた場所の壁が崩れて、瓦漏の上を圧して、その砂糖が白くなったという伝承である[12]。壁の土は明らかに乾いた状態である。したがって、水分によってショ糖の結晶の周りの蜜を洗い流す効果の他に、又助は、乾いた土に起こりうる現象、すでに論じたような「毛管現象」をも意識していたのではないかと考えられる。

127

## 5. まとめと考察

又助が記述した分蜜法は、濃縮糖液を直接瓦漏に入れ、しかもすぐに瓦漏内全体で部分結晶化と固化が進行する状態を特徴とする方法である。しかし、サトウキビの良し悪しと煮詰め工程での火加減によって、当日すぐに砂糖にならないことがあると指摘している。

そして当日砂糖にならず、日をおいてから砂糖になるものは、どんなに晒しても白砂糖の艶はなく上大白にはならないと述べている。このように、当日すぐに結晶化および、瓦漏内全体を固化させることが、上質の白砂糖を作る要件であった。

「覆土法」については、中国における「覆土法」の起源について記した書物へも言及があり、土が乾いた時に起こりうる「毛管現象」も意識していたのではないかと考えられた。

さらに、分蜜法ではないが、砂糖製作専用のサトウキビの茎を圧搾する道具を揃えることの出来ない人々へ、既存の「しめ木」や「押し船」を圧搾用具として転用できることを提唱していることは、後の讃岐を中心とした「和三盆」技術の分蜜用具の示唆になった可能性が考えられた。


〈文献と注〉

1）『製糖墾田一件諸用留　十二』池上家文書　川崎市市民ミュージアム蔵
　　　　　　　　成嶋忠八郎様ゟ太市郎御召
　　（前略）
　　一、右之節被　仰聞候者、吹上御役人中傳法被成候積り、尤下ヶ稽古ハ吉右衛門ニ而相済候得共、傳法と申儀ハ太郎左衛門ゟ可致儀ニ付、左之名前相心得居候様ニと被仰渡候
　　　　　　　　　　砂糖製掛り　　　　吹上筆頭役　木村又助
　　　　　　　　　　　　　　　　　　　同役人目付　坂田伝兵衛
　　　　　　　　　　　　　　　　　　　同御掃除之者　　小右衛門
　　　　　　　　　　　　　　　　　　　　　　　　　　　忠蔵
　　　　　　　　　　　　　　　　　　　同御普請方之者　嘉左衛門
　　　　　　　　　　　　　　　　　　　　　　　　　　　平六

2）注1と同史料
　　一、十一月二日　吹上御筆頭役木村又助様・吹上御普請方之者鎌田嘉左衛門殿、右御両人紀州へ御発足之由ニ而御立寄被成、製造之砂糖御覧被成度御申ニ付、去

第 5 章　白砂糖生産　第 4 期

　　　酉ノ冬製白糖紅糖二品掛御目申候、則御包御持参被成、當冬之製御覧被成度

　　　由ニ付、久五郎製候白糖瓦溜之儘ニ而掛御目候也

3）本史料の類書は京都大学付属図書館、静嘉堂文庫、ケンショク「食」資料室及び静

　　岡県下の個人蔵本があるが、本節では静嘉堂文庫蔵本を使用することとする。

4）木村又助『砂糖製作傳法書』静嘉堂文庫蔵

　　　　　　　　　　黒砂糖製作傳法

　　（前略）火加減第一の夏ゆへ、能々合点したらハ初メより茂能々出来すへきなれと、

　　初メ一二度盤出来兼る事茂あるへし、出来兼ぬるとて必此法を疑まし、若出来兼る

　　歟、又ハ拵ヘ習ヒ度ハ思ヘ共道具なくテ差支へるものハ、吹上砂糖製法所ニ願出ヘし、

　　能々見習ハせ其上ニ而手に掛ヶ製法をも致させ覚させ遣スへき也、（後略）

5）注1と同史料

　　（朱筆）是ゟ末ヲ写候而寛政四年子八月柳生主膳正様江豆戸三郎兵衛老人ゟ差上ル

　　（前略）

　　一、当時御世話御座候通ニ御座候ハヽ、往々広大ニ弘り、乍恐御国益ニも相成可

　　　　申儀ニ奉存候得共、急者相弘り兼可申哉と奉存候、此訳ヶ

　　　　　　　只今迄百姓共作馴不申作物ニ御座候得者心労仕、作立候而之損益難計奉

　　　　　　　存ニ付、作立方指南仕、利分有之旨為申聞候而も手覚無之、及見候儀も

　　　　　　　無之儀、疑多御座候間、作立方も得と不仕、製方ハ猶又手練不仕儀、彼

　　　　　　　是を以利分相見ヘ不申儀ニ御座候得者、壱ケ年歟弐ケ年作候而試候上ニ者

　　　　　　　過半廃申候、（中略）、新規之作物ニ掛り合候儀者、慥成利分見ヘ不申候而

　　　　　　　者迷惑ニ奉存候、且製法仕候ニ者諸道具等之入用も相掛り申儀ニ御座候得

　　　　　　　者、右之手当并年中掛り合候所之利分遣シ不申候而者進ミ不申理り二奉存候、

　　　　　　　（中略）

　　　　　　寛政二年戌正月　　　　　　　　　　　池上太郎左衛門

　　　　　　　成嶋忠八郎様

　　　　　　　成嶋仙蔵様

　　　　　（後略）

6）木村又助『砂糖製作記』加賀文庫　東京都立中央図書館蔵

　　　　　　　　　砂糖製作記自序

　　（前略）命下りけれハ、即しるして一冊となし、求るものには授けしに、や

　　う〳〵世に繁かりき、しかれとも、人の秘伝せしをみたりに顕しかたく、

　　往々に口傳と書て残せしに重て、命下りて口授の秘を聊も残す事なく

　　書顕せり（後略）

7）注4と同史料

　　　　　　　　　白砂糖製作傳法

　　（中略）、甘汁を図之如くなるとふろへ汲込、尤とふろ之底に者穴あり、是ハ前

129

廣に木之せんを指置へし、扱汲込たるとふろを少風之あとる處江持出ス、とふ
ろ上廣すそ細きゆへ、居へ、其台なくテハ下ニ置かたし、右汲込し甘汁ヲ木之
へら二而上下江かき廻す也、又暫過テかき廻しさまし置ハ、白砂糖下地二成ルなり、
尤甘蔗之善悪、製作之火加減二而、當日砂糖二成兼る事あり、當日砂糖二ならす
日ヲ経て砂糖に成る時者、何様晒とも白砂糖之艶なく上太白に者成兼、至而掛り
多し、當日砂ヲ成時者、翌朝氷之張詰たる如く堅マル、此時とふろの底穴へ、
最初差置たる木のせんを抜、附木を四、五枚巻き藁しへを三本ほと入、是とふ
ろ之底之穴江指かへれハ、直二蜜附木之透より下江下ル、縦ハ雨たれ之落るか如し、
日数十日程茂立、上之方よく乾たらハ、晒土ヲ塗、土之厚弐寸くらい二而土ハ
へな土之類よし、日数又十日程茂経テ土乾干割し頃、土を取り、晒たる砂糖を
取上るに者、鉄杓子かよし、尤晒一旦二而下まテ通るもの二而者無シ、取上たる
跡江又以前の如くあらたなる晒土を懸ル、如此次第二晒上て白砂糖を取るなり

8) 注4と同史料

### 黒砂糖製作傳法

（中略）

一、黒砂糖似寄之品を拵る事盤、絵図面道具求るに茂及す、有合之鍋或盤釜二
而も出来る也、甘蔗を絞にハとほし油を〆る木二而茂、又者醤油ヲ絞る道
具にても甘汁取るなり、尤甘蔗を壱弐寸くらいに切絞ルへし、製方ハ都而
前法に同し、（後略）

9) 注6と同史料

### 次白砂糖

煎法は一切前のごとし、（中略）、其外は何も前に替る事なし、さらしをかけす
して乾たる上の方より漸々に取盡すべし、（後略）

10) 注6と同史料

### 三盆大白

前の如くさらしをかけたる砂糖を、再び釜へ入れ煮るなり、水の分量盤、砂
糖十斤に水壹斗貳升、鶏卵五の白みを取、水に和し七八度に釜中に入る、是盤
垢をとる為に入るなり、（中略）、その上に赤土をかけさらせ盤、三盆大白とな
るなり、（後略）

11) 注6と同史料

### 大白砂糖

（前略）水中にて輪をなす度として、葦不熟ならハ少し程を過し煮詰へし、急に火を引、ぬれ筵を灶
に入れ、下火をしめし、瓦漏に汲入れ下の穴は木にて栓をするなり、風にあて置、人肌にさめる迄
の間に、匙を以てかきませる事四五度すへし、是をかいを遣ふといふ、かき
ませる事是に過れ者、蜜砂中に交りて乾かす、一宿を過、瓦漏の内乾を待て
木の栓を抜去り、杉の葉又者廢爆にてせんをこめ置け者、蜜是よりしたゝるな

り、凡十四五日を過てよく乾たる時、黄土を煉て上面を塗塞き風に暴も、土乾て折たるを度として土を去り、砂糖を取る、幾度も黄土をぬり、漸々に取盡すへし、是を暴をかけるという、大白の製暴をかける時者、次白の物と斤数過半減す、（後略）

12）注6と同史料

大白砂糖

（前略）聞書南山志云、元の時南安に黄長といふ者有、砂糖を煮置たる所の壁忽壊れ瓦漏の上を壓す。其砂糖白き事常に異なり、これに依て厚價を得たりという、後是に效ひて土を覆う法を得たり、

# 第3節　小　　括

　寛政年間は幕府が本腰を入れて砂糖生産の普及と技術指導に乗り出した時期である。

　第1節では、池上太郎左衛門幸豊が寛政元年から2年にかけて行っていた製法を考察した。

　寛政元年2月の時点の幸豊の製法では、濃縮糖液を鍋から容器に入れ、容器の底に結晶が析出するのを1ヶ月以上も待っている。容器の内部では、結晶が底に、蜜が上方へと分離して存在していた。その後は、瓦漏に入れて重力によって分蜜するか、または絞っても良いとしている。それが同年9月の製作の際に、鍋の中ですぐに結晶を析出させることに成功した。この状態であると、その後の分蜜法にも違いがみられることになる。鍋から容器に入れて結晶化を待つ必要はなく、鍋から直接濃縮糖液を瓦漏へ入れ、結晶化はすぐに瓦漏内全体に及んで半固化状になると考えられる。

　そして、結晶の大きさは、大きくも小さくもなったとしている。それは、サトウキビの状態や煮詰め加減にもよるとし、煮詰め加減の方が影響は大きいと幸豊は考えていた。

　また、結晶が小さければ「覆土法」を施してはならないと幸豊が考えていたことも明らかになった。

　絞るという「加圧法」は、結晶が下に沈み上部に蜜が存在する場合の他に、「覆土法」を施した後に行う場合にも認められた。

　「覆土法」用の土については、寛政元年から2年にかけての約2年間において、「黄泥水」「赤土を壁に塗る土よりも少し固く練ったもの」「砂が混じっておらず、粘りがあり、色は黄色に白が混じっている土を固く練ったもの」「泥水」「田土」という5つの種類が認められた。そして「泥水」と「田土」には酢を加えてもいたと考えられた。

　「雪白」の白砂糖製作には、「しる土」を使うとし、水分が多いと考えられる泥であった。

　第3章では乾いた土で田村元雄が試作を行っていたことを明らかにしたが、時期は不明であるが、幸豊も乾いた土による実験は行っていた。しかし寛政元

第5章　白砂糖生産　第4期

年と2年の時点において幸豊は、乾いた土ではなく、水分が少なく固めの土と水分を多く含んでいた土の両方で「覆土法」を行っていたことが明らかになった。

　第2節では、幸豊から寛政2年に製法を伝授された幕府吹上筆頭役の木村又助が、寛政4年と寛政9年に記した製法書を検討した。

　又助が寛政4年と寛政9年に記しているのは、濃縮糖液を直接瓦漏に入れて結晶を析出させる方法である。当日に結晶化がされていれば、翌朝には氷を張り詰めているようになるとし、それは瓦漏内全体で部分結晶化と固化が進行している状態を示している。そして当日砂糖にならず、日をおいてから砂糖になるものは、どんなに晒しても白砂糖の艶はなく「上大白」にはならないと指摘している。このことは、濃縮糖液を取り上げたあと、日を置かないで結晶化がされるかどうかによって、上質の白砂糖を作ることが出来るか否かの判断を示していると考えられる。

　そして、当日砂糖にならないことがあることから、サトウキビの良し悪しと、煮詰め工程での火加減が、当日結晶化されるか否かに影響するとしている。

　その後瓦漏で「重力法」によって分蜜し、「覆土法」を施す。覆土は、粘土質のもので、土が乾くまで置いておくとしている。また中国の「覆土法」の起源を記した書物へも言及があり、土が乾いた時に起こりうる「毛管現象」も意識していたのではないかと考えられた。

　さらに、分蜜法ではないが、サトウキビの圧搾用具を揃えることの出来ない人々へ、「しめ木」や「押し船」を圧搾用具として応用できることを提唱しており、このことは、後の讃岐を中心とした「和三盆」技術の分蜜加圧用具の示唆にもなったのではないかと考えられた。

　幸豊と又助の製法を通じて、濃縮糖液を直接瓦漏へ入れ、瓦漏内全体を結晶化および固化させることは、高度な技術を要したと考えられ、その状態に白下糖を作ることが上質の白砂糖を作ることにつながることが明らかになった。そして、その場合に「覆土法」に使用する土は、水分を多くは含まない土であったと考えられた。

133

# 第6章

## 白砂糖生産　第5期
### 享和年間から天保年間の方法

# 第1節　荒木佐兵衛の白砂糖生産法

## 1.　はじめに

　荒木佐兵衛（以下佐兵衛と記す）は、砂糖製法技術者で江戸の人ということ以外に、その出自、生没年ともに、現在のところ不明である。

　佐兵衛は寛政12（1800）年に土佐藩領に行き、享和元年まで砂糖製法の技術指導にあたったという。土佐藩の招聘によるものではなく、自ら現地に行って砂糖製法技術者であると名乗り、採用されたのであったが、製法を伝授された砂糖製作者らは、佐兵衛の碑を建立し、製法伝授の感謝の意を表している[1]。

　第4章第1節でみたように、池上太郎左衛門幸豊が、寛政元（1789）年に土佐藩の馬詰親音へ砂糖製法の伝授を行っているが、幸豊宅での伝授でもあるため、現地における実践指導者として佐兵衛を位置付けることができよう。

　佐兵衛についての研究はすでにいくつかあるが[2]、いずれも土佐藩への伝授の人物として挙げられるにとどまり、その砂糖製作技術についての考察を主としてはいない。

## 2.　史料と背景

　佐兵衛が記した砂糖生産法の書が2種ある。「享和改元仲冬」の跋がある『甘蔗作り方沙糖製法口傳書』[3]（以下『享和元年本』と記す）と、「享和二壬戌年二月朔日」の跋がある『甘蔗作り方　全』[4]（以下『享和二年本』と記す）である。『享和元年本』と『享和二年本』2史料間は、若干の文字・数量の違いが認められるものの、構成、記述内容にはさしたる差異はないが、大きな相違点は『享和二年本』には巻末に、『享和元年本』には記述がない「砂糖製法付世間流布之説是非之辨」が付いていること、および割注が増えていることである。

　佐兵衛は土佐藩から享和元（1801）年11月に暇を賜っているので[5]、「享和改元仲冬」の跋がある『享和元年本』は、土佐藩で砂糖製法の伝授を行っていた時期にあたるので、これが土佐藩へ伝授した方法と考えられる。そこで、本節では『享和元年本』により当時の製法を考察する。

### 3.『甘蔗作り方沙糖製法口傳書』(『享和元年本』)

　本史料では「黒砂糖」以外の砂糖の作り方を、大きく「本玉」「煮干」「本製」という名称で分類している。

　「本玉」と「本製大白」の違いは、煮詰め揚げのタイミングと晒し土をかけるか否かの違いであるとしている[6]。

　次に挙げられている「煮干」は、白下糖を布切れに入れ、灰汁を手塩に振りかけてからよく揉み混ぜ、そのまま包み、さらにその上を駄布で包んで、「晒台」に3、4度もかけるというものである[7]。

　「晒台」がどのような台であったのかは不明であるが、白下糖を布に入れている点と、水分を加えてよく揉み混ぜる点、そしてそれを包む点が現在の「和三盆」技術に共通しているので、「晒台」とは、加圧する場所であったと推察される。さらに「晒台」に3、4度もかけるということも、現在の「和三盆」技術に酷似している。以上のことから、「煮干」は、「押し船」を使用した「加圧法」による分蜜によって作られた砂糖であったと考えられる。佐兵衛はこのようにして出来上がった砂糖を「煮干大白」というとしている。しかし、砂糖製作を

6-1-1　井樓を使って「覆土法」を施している図（『甘蔗作り方沙糖製法口傳書』東北大学附属図書館　狩野文庫本）

行う人々の間では「煮干」を下品としており、その理由として、光沢が抜けることを挙げている[8]。

「本製」は「煮干」の方法に大概は同じとした上で「覆土法」を施す。覆土は黄泥水または、真土を中塗り土の煉り加減に練ったもので、直接砂糖の上に塗るというものである[9]。また「素焼きの陶漏（瓦漏）ニアゲ置ク時ハ」(傍点筆者)と記していることから[10]、瓦漏を使用しない場合もあったことを示唆している。

佐兵衛は、さらに、近頃は速製法があるとし[11]、「本製早晒シノ方」と別項をたて、本史料の最後に記述している。

その方法は、「覆土法」ではあるが、井樓の上に布を敷き、その上に砂糖を広げて壁の中塗りの煉り加減の土を置くという別法である。(図6-1-1) 10日程静置しておくと、蜜は井樓の口より垂れ落ちる。2返3返好み次第に晒せば、蜜の色が薄くなり、糖の色は際めて清潔になる。これがすなわち「雪白」であるとし、別に雪白という仕方はないと記している[12]。

また本史料には、「雪白」と「三本」の違いが記述されている。「雪白」をさらに加水加熱濃縮し、糖汁を澄ましにかける時に、明礬と活石を投じ、「本製」と同様に「覆土法」を施したものが「三本」で[13]、「三本」は、「雪白」よりも精製度が高いものであった。そして「三本」の完成品を板ずりして粉にしたものは、氷りおろしのようで、氷砂糖を削るよりも手間がはぶけると記している[14]。


## 4. まとめ

本史料が記されたのが享和元年であるので、寛政年間後期には、「加圧法」によると考えられる分蜜法があったが、砂糖製作を行う人々にとっては、その砂糖は光沢が抜けるので下品であると認識されていたことが明らかになった。したがって、「覆土法」によって作られた砂糖は、上品であると考えられていた。

そして、「覆土法」の効率の良い方法として、蜜がしたたり落ちる容器である井樓の上に白下糖を置いて「覆土法」を施すという改良も行われていた。

また、砂糖の名称として、佐兵衛が認識していたのは、「大白」と称する砂糖には、「加圧法」によるものと、瓦漏による分蜜の後「覆土法」を施した2種があり、「雪白」は、瓦漏内において「覆土法」を施すのではなく、井樓を使用する大量精製が可能な「覆土法」によるとしていたことが明らかになった。「三本」は「雪白」をさらに精製したもので、この完成品を板ずりして粉にしたものは、ショ糖の純度が高い氷りおろしのようであった。しかし、砂糖の名称は

139

混沌としているので、佐兵衛が本史料で提示した名称と製法が、この時代の一般的な通称であったかどうかは、さらに検討が必要である。


〈文献と注〉

1) 桂、1-2-1〔注1〕、78頁。

　谷口は、典拠を示していないが、土佐藩の招きであったとしている（谷口、1-2-1〔注1〕、271頁）。

2) 桂、1-2-1〔注1〕、78頁。

　平尾道雄『土佐藩工業経済史』（高知市立市民図書館、1957）142-164頁。

　樋口弘『本邦糖業史』（味燈書屋、1943）134-141頁。

　谷口（1-2-1〔注1〕）には、本節で扱う史料の紹介と考察が271-273頁にある。しかし、403頁には『甘蔗作り方』の史料名を挙げながらも404頁では「荒木佐兵衛の白糖製法が如何なるものかについては資料が残っていないので分からない」と記し、この荒木の史料が、土佐藩へ伝授した方法ではなかったと考えているようである。

3) 荒木佐兵衛『甘蔗作り方沙糖製法口傳書』、狩野文庫　東北大学附属図書館蔵本と個人蔵本で確認した。

4) 荒木佐兵衛『甘蔗作り方　全』白井文庫　国立国会図書館蔵。

5) 平尾、前掲書〔注2〕、146頁。

6) 荒木佐兵衛『甘蔗作り方沙糖製法口傳書』狩野文庫　東北大学附属図書館蔵

　　　　　　本玉製法ノ事

　　（前略）

　　　本玉トハ、本製ノ大白ハ度加減ト晒土ト不ㇾ晒ノ違ィ耳ナリ、

7) 注6と同史料

　　　　　　煮干晒シ方ノ事

　一、砂糖ヲ布キレニ入レ清水エ蜆〔此灰ヲ入ル、、、コ大秘事ナリ〕ノ灰ヲ見合ニ入レ右ノ砂糖エ手塩ニフリ、能々モミマゼ其儘包ミ、其上ヲ駄布ニテ包ミ晒臺ニ三四度モ掛クベシ、能白ク成ルヲ限リトス、

　　　　　是ヲ煮干大白ト云ナリ、糖家ニテ煮干ヲ下品トスルハ光リ抜ル故ナリ、

8) 注7参照。

9) 注6と同史料

　　　　　　太白本製

　一、惣躰煮干ニ同シ、度加減龍眼肉ノ度ヲ用ユヘシ、素焼ノ陶漏ニアゲ置ク時ハ三五日ノ中砂ヲ結ブ也、此ノ時星ヲ〔星ト云ハ陶漏ノ穴ノ中ニ薀ヲサシタルヲ云ナリ〕又抜キテ、ソノ跡ヘ杉ノ葉ヲサカサマニ指ベシ、四五日置時ハ上ノ蜜下ヘタル、也、其後黄泥水ヲ置クヘシ、又ハ真土ニテモ中塗土ノ煉リカゲンニシテ砂糖ノ上ェ直

第6章　白砂糖生産　第5期

　　　　二置クヘシ、十日計ニ而蜜下ヘ洩ルナリ、上ノ土乾キタルヰハ又始ノ如ク

　　　　煉土ヲ置キカユルヘシ、晒シ方幾度モ如此シテ善シ、

　　　　　　此度ニ早仕成ノ法アリ、近世ノ仕出也、下ニ記ス、

10）注9参照。

11）注9参照。

12）注6と同史料

　　　　　　　　　本製早晒シノ方

　　　　黄泥水ヲ置ク時、井樓ヘ布ヲ布キ、其上ニ沙糖ヲ廣ロゲ、厚サ一寸位也、湿土

　　　　ハ壁ノ中塗リノ煉リ加減ニメ沙糖ノ上ニ直ニ盛リ置ク也、井樓ノ大サニ従テ廣

　　　　クモ狭クモ一杯ニ置クヘシ、此間十日計リ也、是ニテ一返ッナリ、密ハ井樓（ママ蜜カ）

　　　　ノ口ヨリ下ヘ垂レ落ル也、図ニテ知ルベシ、

　　　　二返三返好ミ次第晒セバ、後ハ蜜薄クナリテ糖色極メテ清潔也、是即雪白ナリ、

　　　　別ニ雪白ト云仕方ナシ、幾返モ晒土耳ナリ、

13）注6と同史料

　　　　　　　　　三本砂糖ノ口傳　或ハ蓬盆ㇵ書タル有リ、何ノ義タルㇴ
　　　　　　　　　　　　　　　　　未考、三本トハ音ヲ假リタル字ナラン乎

一、本製ノ雪白ノ中ヘ清水三割リ入　沙糖一貫ㇴ　一割減ニ焼キ澄ニ掛ル時、明礬
　　　　　　　　　　　　　　　　付水三升ナリ

　　　　ト活石ト等分ニメ、糖汁一石ニ二合斗リ見合ヲ以テ入煮也、

　　　　（中略）

　　　　扱、素焼ノ陶漏ヘ入レ、其後晒シ方等本製ニ同シ、日々乾カシ置クヘシ、

　　　　火ニ掛レハ沙カ潰レテ悪シ、　大陽ニアツレハ何程置テモ沙不損ワ也、其（ママ太カ）

　　　　後板ニテ揉ミ粉トスル、即氷オロシト成ル也、

　　　　　　世ノ氷リヲヲロシト云ハ、氷糖ヲ石臼ニテ砕キ細カニ仕成シタル也、又

　　　　糖家ニテ氷リ卸ノ製ト云、即此事也、三本糖カラ直ニ氷リオロシニスル也、乃氷糖カラ仕成シタルモ同様ニナル故、手間ガハブク也、是モ亦近世ノ仕成シナリ、

14）注13参照。

# 第2節　享和年間における高松藩の白砂糖生産法

## 1.　はじめに

　高松藩では5代藩主松平頼恭以来、サトウキビの栽培と製法技術の研究がなされてきた。

　本稿第4章では、明和5（1768）年に池上太郎左衛門幸豊が高松藩士へ製法を伝授し、その際、幸豊が行っていた「絞る」「押す」という「加圧法」が高松藩に伝わった可能性を指摘した。

　頼恭に砂糖製作法の研究を命じられた藩医池田玄丈や、その遺志を継いだ湊村の医師向山周慶は、寛政元（1789）年か翌年初頭には製造法を一応完成させたとされているが[1]、どのような製法を行っていたのか、具体的な製法を記す史料は、管見の限りみられない。

## 2.　史料と背景

　本史料は、技術書ではなく聞き書きであるので、実際に讃州で行われていた方法を知ることが出来る。本史料の記述者は、播州の小山氏で2冊ある。1冊は『砂糖製法聞書　全』[2]の表題があり（写真6-2-1）、讃州白鳥浦新町の亀屋新吉が、播磨国二見から船出を待っていていた際、小山氏が新吉から聞いた内容を記したもので、「于時享和元歳酉四月吉良」の跋がある（写真6-2-2）。讃州白鳥浦新町は高松藩領内であるので、高松藩で実際に行われていた方法の聞き書きと考えられる。白鳥浦新町辺りは、高松藩8代藩主頼儀が寛政8（1796）年に巡幸した際に、サトウキビ栽培の最も盛んなところであったとされる[3]。

　もう一冊は『砂糖の製法扣』[4]の表題があり（写真6-2-3）、讃州へ赴こうとする人物から小山氏が聞いたことを記したもので、「享和元歳五月良辰日」の跋がある（写真6-2-4）。この人物が讃州在住であるのか、『砂糖製法聞書　全』に出てくる亀屋新吉と別人であるのかは不明である。

　讃州の砂糖生産技術を記した明治期の史料は比較的豊富であるが、江戸時代では本節で扱う享和年間のもの以外には管見の限りみられない。

第6章 白砂糖生産 第5期

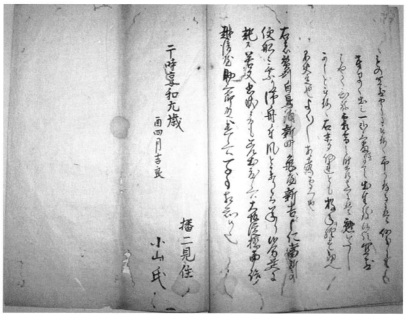

6-2-1、6-2-2 『砂糖製法聞書　全』(ケンショク「食」資料室蔵)

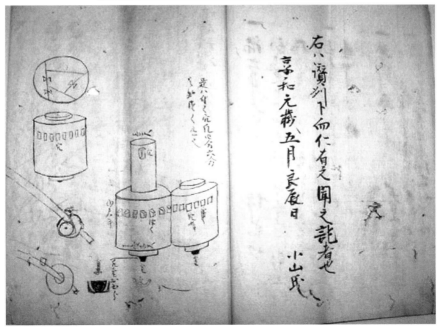

6-2-3、6-2-4 『砂糖の製法扣』(ケンショク「食」資料室蔵)

第6章　白砂糖生産　第5期

## 3.　『砂糖製法聞書　全』

分蜜法は以下のようにある。
1.　濃縮糖液を直接「とうろう」（瓦漏）へ入れる。
2.　櫂を入れることは、3、4度でもよく、また、入れなくてもかまわないと聞いている。但し、その時の糖液の状態によって判断すべきである。
3.　2、3日のうちに、蜜はよく取れる。
4.　「とうろう」（瓦漏）の中の砂糖を[5]琉球筵の上へあけて、よく砕き、芦眼石を水に入れて、これを藁ぼうきで琉球筵の上へ少しずつかけておく。
5.　その上へ砂糖を置いては芦眼石入りの水をかける。これを「さらす」という。2、3日置いておくと、色が白くなり乾く[6]。

芦眼石については以下のように説明がある。
1.　芦眼石は薬研でよくおろして、すいのうで振るい、それを水1合に対して2匁入れる。
2.　芦眼石の粉が入った水を、少しずつ湿り気を与える位にかける[7]。

「とうろう」（瓦漏）については、以下のような説明がある。
1.　雨垂れを受けるような木の樋を設え、その上に「とうろう」（瓦漏）を据え置くようにすると、蜜はその樋を伝わって流れ出る。
2.　「とうろう」（瓦漏）の底の穴には、小麦藁を小さな菰のように編んで、穴の上に敷き、差し込むように当てて置く[8]。


## 4.　『砂糖の製法扣』

「大白砂糖」の作り方として、いくつかの分蜜法が記されている。
1.　濃縮糖液を直接「とうろう」（瓦漏）へ入れて、櫂を何回も入れる。これは糖汁を冷やすためである。2、3日も経つと結晶が出来てくる。
2.　それを畚に入れて吊し、下に蜜受けを置いて蜜が落ちるのを待つ。20日から25日程経つと、蜜が抜けて砂糖になる。
3.　畚の中の砂糖を琉球筵へ移して、手でよく揉みほぐし日に干す。干し上げてもまだ固まるようであれば、何回も揉んでは日に干す。これを「さらす」という。

145

4. 畚に 24、5 日も釣って置いても、ショ糖の結晶が出来ているにもかかわらず、蜜が抜けず粘りがある状態であると、日に干す「さらし」はうまくいかない。熊笹の灰を入れた水を適当に振りかけて、しめ船に入れて、しめ木で締めるか重石をかけて 20 日も置くと蜜が抜ける。これを 3 のように筵でさらす[9]。

加圧して分蜜する際の容器と道具には、以下のような説明がある。
1. 加圧するときに分蜜が進んでいない砂糖を入れるしめ箱は、早寿司桶に竹の簀の子を編んで四方へ当て、底に布を敷く。その中に砂糖を入れる。
2. しめ木を使って加圧するか、又は重石をかける。楔を使って絞めてもよい。
3. 本来は酒を絞る酒船の小さいものを用いる。寿司桶は当分の間に合わせである。
4. 心得は、酒を絞るのと同様である[10]。


## 5. 考察とまとめ

結晶化について、『砂糖製法聞書　全』では 2、3 日で瓦漏内の蜜が抜けるとしているので、それより以前には結晶が析出されていることになる。すなわち、瓦漏に入れたその日のうちか、翌日には結晶化がされるということが前提になっていると考えられる。『砂糖の製法扣』では 2、3 日中に結晶が析出されるとし、結晶の析出には比較的日数を要していない。しかし、結晶が析出しない場合もあった[11]。飴状になってしまったものを直すには、灰汁を加えて再び煮詰めるとし、それでも結晶が析出しない場合は、甘蔗の問題であるとしている[12]。

『砂糖製法聞書　全』では、瓦漏内で分蜜された砂糖を筵に広げて砕くとしているので、蜜が抜けた砂糖は堅固状であったことが窺われる。

『砂糖の製法扣』では、瓦漏は冷やす容器と結晶を析出させるための容器として記述されている。瓦漏の底に蜜を滴り落とすための穴が開いているかどうかは不明である。分蜜を行うのは畚としている。特に固まっている砂糖を砕いてから畚に入れるとは記されていないので、瓦漏内の砂糖は、蜜が多く、固化はしていないと考えられる。そして畚に入れて「重力法」による蜜の自然落下を待ち、ほぐして日に干して出来上がった砂糖を「大白砂糖」としている。

『砂糖製法聞書　全』『砂糖の製法扣』共に、瓦漏は使用されていても、「覆土

法」による分蜜は全く記されていない。

　さて、『砂糖製法聞書　全』『砂糖の製法扣』はどちらも琉球筵に広げ、砕いたりもみほぐすという共通の工程はあるものの、「さらす」としている内容は異なる。

　『砂糖製法聞書　全』では、砂糖を重ねては芦眼石の粉末入りの水を湿り気が帯びる程度に少しずつ振りかけることを「さらす」としている。水分を振りかけるので、水分によってショ糖の結晶から廻りの蜜を分離させ、筵側へ重力によって洗い落とす効果はあったものと考えられる。芦眼石に、どのような脱色効果があるのかいくつかの推測がすでにされているが[13]、充分な考察はなされているとはいいがたく、今後の課題としたい。

　『砂糖の製法扣』では、固まっている砂糖を揉んで日に干すことを「さらす」としている。日に晒すことの効果を、木綿や麻を日光にあてて白くするのと同様であるという指摘もある[14]。

　また、結晶化がされていても、粘りがあって蜜が抜けないときに、「加圧法」を施すことが述べられている。「加圧法」に使用する道具は、梃子の原理で加圧する「押し船」か、重しでの加圧、そして楔を打ち込む「しめ木」[15]でもよいとしている。

　前章第2節で指摘したように、木村又助が、サトウキビを圧搾する轆轤を用意することの出来ない人々へ、油絞りの「しめ木」や醤油を絞る「押し船」の転用を勧めていたことと、付合をみる道具が出現している。これまで、現在の「和三盆」製作に使用する加圧道具として、梃子の原理を用いる「押し船」のみが注目されてきたが、楔を打ち込む「しめ木」による加圧も行われていたのではないかと考えられる。しかし、本史料からは、讃岐においては「しめ木」よりも「押し船」の使用の方が優勢であったことが窺われる。

〈文献と注〉

1）岡俊二『讃岐砂糖製法聞書』「解題」『日本農書全集61　農法普及1　讃岐砂糖製法聞書他』（農山漁村文化協会、1994）241頁。

2）『砂糖製法聞書　全』ケンショク「食」資料室蔵。本史料を初めて紹介したのは、桂で1-2-1〔注1〕の文献に翻刻されている（解読は藤田一郎氏）。さらに岡、前掲書〔注1〕の文献に翻刻と現代語訳、解説、解題がある。

3）岡、前掲書〔注1〕、245頁。

4）『砂糖の製法扣』ケンショク「食」資料室蔵。注2同様に本史料を初めて紹介したの

は桂氏で、桂、前掲書注2に翻刻があり、岡、前掲書注1に翻刻と現代語訳、解説、解題がある。

5) 岡、前掲書〔注1〕の文献の現代語訳では、「とうろうの底に固まった砂糖」となっているが、「底に固まった」という表現は原典にみることは出来ない。

6) 『砂糖製法聞書　全』ケンショク「食」資料室蔵。

砂糖製法之扣

（前略）且又煮加減ヲ之義盤、つぼ茶椀に水を入レ、貝しやくしにてすくい、水中へ入レ候得者、茶椀の底に一テ面に散て隈ヲ取る也、それを指びの先キにて筋を付れば、煮かけん能きは茶椀之底に指び跡急度附を、是を能かけんとして、火を直くさま消して、とうろうへ入る、□（虫損か・カ）いヲ入ル事、三、四度も入ても能し、又盤入すとも不苦のよしに相聞候、但シ此儀その時の見合可然と被存候、拠又ミつ取る事盤二、三日之内にミつ皆能取れる也、それ方りうきう筵の上へ打明て能く砕き、芦眼石を水に合して、すへのほうきにて、りうきう筵の肌へ少シ斗ツヽ打置て、その上へ砂糖を置てハ打、段々ハやク上へ置打也、是をさらすといふ也、但シさらし置こと二、三日も置ハ、色白くかわく附てなる也、（後略）

7) 注6と同史料

砂糖製法之扣

（前略）

　一、芦眼石（ロ カンセキ）、但シやけんで能くおろし、すいのふで振リ、水壱合に掛目弐匁入候也、右之合水ヲさらしに打事少々ツヽしめりをする位イに打也、

（後略）

8) 注6と同史料

砂糖製法之扣

（前略）

　一、とうろうにてミつを取る時、置所のこと、但シとうろうすへ置仕やう盤、雨垂れ請のやうに、木にてとひをさして、その上にすへ置ハ、それへ流れ出る也、とうろうの穴に當ルるものハ小麦藁ニ而菰にあみて、穴の上に敷也、小麦わらニ而小サに菰のやうにあみて穴へ当て置てかい込ム也、

（後略）

9) 『砂糖の製法扣』ケンショク「食」資料室蔵

二度煮の事

　一、（中略）、右筋付、片寄不申候ヘハ、是を度として、とうろうへかい入レ、それ方かいヲ入れる事何へんも入る也、是ハさまさんか為也、とうろうに二、三日も入れ置候ヘハ、砂来る也、それ方ふこニ入て、釣置て、下ニミつ請いたし、ミつを取る事凡廿日又盤廿五日程すれハ、さとふに成也、且又製法さらしやうハ、りうきう筵へふごう方うつし、手にて能くもミつぶし、日に

148

干也、ほし上候而も、かたまり候へハ、何べんももみて日に干ス也、是を
さらす<ruby>申<rt>（と脱ヵ）</rt></ruby>也、

一、右ふこ廿四、五日も釣り置候而も、かけんあしくハ、砂来り候而も、ミつ
抜ヶかね候而、ねばり有りてさらしかたく候、砂糖ハ熊笹の灰水を見合ニ打
てしめ船ニ入、しめ木又ハおし掛ヶて廿日程も置候へハ、ミつ垂れる也、能
くミつたり候へハ、前段之通りに莚ニ而さらしを掛る也、

10）注9と同史料

### 万事心得之事

（前略）

一、しめ箱ハ、やすし桶に竹のずをあみて四方へ當て、底に布を敷て、しめ
木又ハおし掛ヶ、せんしめ杯ニ而も不苦よし、誠ハ酒船の小ヶきの也、すし
桶ハ當分の間合セ也、右酒しほり候同様と相心得也、

11）注9と同史料

### 白砂糖焚置方之法

（前略）亀甲あわ少し過候迄たき候而、器物へ取入置申也、又ハ土爐ニ而能くさ
まし候而、砂来る分ハ、其分〳〵に一緒ニ相分候而、不来分ハ其類一緒ニ桶入置
申也、二度焚之節火よわく候而ハ、ねはり申候間、随分強く焚可然事也、

12）注9と同史料

### <ruby>のやうに成る砂糖の事<rt>じやうせん　しょせん</rt></ruby>

一、凡砂糖五升に付キ、笹の灰水壱升五合ほと入、弐度焼キの通り煮也、扨又
直り候へハ、砂来る也、若又砂不来候へハ、蔗あしき故、砂糖に不相成也、

13）岡、前掲書〔注1〕、221頁。

砂糖の表面に塗布すると、色素や臭いを取り、漂白効果をもたらした。

なお、岡は「覆土法」の効果も、解題で色素や臭いを吸着させるとしている。

谷口、1-2-1〔注1〕、389-390頁。

『日本国語辞典』（小学館）には、水亜鉛土を主成分とする多孔質の鉱物。柔ら
かく砕けやすい。色は白いのを上品とするが青も黄もあると記している。（中略）
このような鉱物の水和剤を砂糖にふりかけることが、如何なる効用をもつもの
なのか。その方面に全く素養がない私は、当初これを漂白効果のためと考えて
いたが、よく調べてみると亜鉛そのものは漂白機能をもたない。そうだとすれ
ば、これはいわゆる<ruby>群青<rt>ぐんじょう</rt></ruby>ではないのか。『糖業便覧』（1937年、製糖研究会）は、
「分蜜及び精製糖」の項において、「僅少の色を調整するに群青又はインダスレ
ン青（Indaslen Blue）の液を作り、之を絹濾にし分蜜の際砂糖に注射すれば視覚
に変化を及ぼし色を向上せしむ」と記している。つまり、この芦眼石の水和剤
の撒布は砂糖を白く見せるための幻惑効果をねらったものではないのか、と推
測されるのである。

松浦、1-2-1〔注1〕、385頁。

> 正体不明の芦眼石については、さる食物専門家からベントナイトではないかとの示唆を受けた。蜜を吸着することも考えられるし、白色の粉末状のものだから、乾いたら白っぽく見せる効果があるだろう。また極く微細な粒子で、口に含んでも全く異物感はないはずである。という話しであった。

14）谷口、1-2-1〔注1〕、344頁。

15）本史料では梃子の原理で加圧する木の棒のことを「しめ木」として記されているが、ここでは楔を打ち込む「しめ木」としての用語で使用した。

第6章　白砂糖生産　第5期

# 第3節　　大蔵永常が記した白砂糖生産法

## 1.　はじめに

　大蔵永常（以下永常と記す）は、明和5（1768）年に豊後国日田の農家に生まれた。永常は20才で故郷を出て九州を転々とし、29才の時に大坂へ出てきた。この間に畿内各地の農村を歩いて農業について学び、文政8（1825）年には29年住み慣れた大坂から江戸へ居を移し、農学者として多くの農書を執筆、刊行した。天保4（1833）年には駿河国田中藩で製糖、櫨の栽培などの産業開発に従い、翌5年には三河国田原藩の江戸家老、渡辺華山の推薦によって同藩の興産方に任命された。しかし天保10（1839）年の蛮社の獄によって渡辺華山が国許蟄居を命ぜられると、すぐに永常も田原藩から追放された。その後天保13（1842）年に浜松藩の興産方に採用されるが、弘化2（1845）年藩主水野忠邦が老中を罷免されて山形へ移封されると永常も解雇された。再び江戸に出て、安政3（1856）年永常89才の時長寿の会が催されて以降、永常の消息はわからない。『広益国産考』全8巻の刊行は安政6（1859）年のことであるが、この時にはすでに没していたのかもしれないともされている。永常は生前に約30部、70冊の書物を公刊した[1]。

## 2.　史料と背景

　本節で扱う『甘蔗大成』の作成時期は不明であるが、文政5（1822）年刊行の『農具便利論』の末尾の著者目録に、『甘蔗大成』全2冊が未刻として印刷されているので、文政年間前期には大綱が出来上がっていたのではないかとされている[2]。また、『甘蔗大成』本文中に「和州の県令池田君」と出てくることから、この人物を天保8（1837）年から弘化3（1846）年まで奈良奉行の職にあった池田頼方の事だとして、天保8年以降数年の間ではないかという考察もある[3]。

　天保13（1842）年に刊行された『国産考』下巻には、製法のことは『砂糖製法録』に詳しいのでそれを見て製すれば誤ることはないとしている[4]。『砂糖製法録』という書名の書物が江戸時代に実際に刊行されていたか否かは不明で、こ

151

の題名の写本の存在も現在まで確認されていない。『甘蔗大成』は、出版予告が出ているものの、江戸時代に刊行されなかった史料であるため、『砂糖製法録』と『甘蔗大成』が同じ原稿であったのかどうかは定かではない。

　さて、永常がいつどこで砂糖生産の情報を得たかが問題となる。『甘蔗大成』の中には、琉球国の製法を薩州で伝え聞いたこと[5]、大坂にいた永常は、黒砂糖から白砂糖を精製する方法を工夫し、菓子商の虎屋と組んで販売したこと[6]、摂津国西部福原在住の人物とサトウキビの栽培を行い、製法を試みたこと[7]、日向国で輾轆を造ったこと[8]、讃岐の石の輾轆について[9]、畿内でも摂津、河内、和泉でのサトウキビの収穫時期[10]、黒砂糖と白砂糖の製法を紀伊・和泉・駿河・遠江で実際見たこと[11] などが記されている。各地を廻って実際に見て調査した方法と、自らが実践して確認した方法をふまえて、永常が最終的に行き着いた方法が本史料に記されていると考えられる。

　「白砂糖製法」と「絞り様之事」の項に、様々な分蜜技術が示されている。以下分蜜法を中心にみていく。


### 3.　『甘蔗大成』「白砂糖製法」

　「白砂糖製法」には分蜜法として、瓦漏の使用と、「覆土法」の工程が述べられている。

1.　濃縮糖液を揚げ壺に入れ（図6-3-1-上）、小匙でかき混ぜ、暫く置いてから3、4回かき混ぜることを繰り返し冷やす。

2.　白砂糖用の下地は、冷えるにしたがって結晶が析出する。これを一夜置くと半固化する。

3.　半固化状の白下糖を搗いてかき回し、手で塊が残らないように揉み砕く。（図6-3-1-右下）もし、煮詰めすぎて蜜が少なく固くなっている時は、水を入れてさらに一層揉む。しかし、白砂糖の色は冴えない。
　　蜜が多い場合は、2、3日そのまま置いておくと、結晶が成長する。

4.　瓦漏の底に4寸に切った藁をきつすぎず、緩すぎないように詰め、瓦漏を瓦漏台に乗せ、下には蜜受け用の鉢を置く（図6-3-2）。揚げ壺の中の白下糖を瓦漏へ刮げ入れると蜜は、すぐに落ちて来る。

5.　暫くしてから藁を一本ずつ、5、6本から10本くらいを指で抜き取る。この藁を抜くのが遅くなってしまうと、結晶が下に沈んで藁の周りに固ま

第6章 白砂糖生産 第5期

6-3-1
上：釜から揚げ壺へ濃縮糖液を汲み出している図。
右下：揚げ壺の中に手を入れて結晶化がされている白下糖を揉み砕いている図。
左下：瓦漏の底の穴を塞ぐ藁を束ねている図。
(『甘蔗大成』武田科学振興財団　杏雨書屋蔵)

6-3-2　瓦漏の底に詰めた藁の束を抜いている図。藁の束を抜いた瓦漏からは、蜜が落ちてきている。
(『甘蔗大成』武田科学振興財団　杏雨書屋蔵)

ってしまい、蜜を通さなくしてしまう。そのようになる前に、藁の一部を
抜いて、蜜が結晶の間を潜って藁の栓を伝わり落ちるようにする。

又、白下糖を瓦漏に入れる時に、手で揉んで塊をほぐしておかないと、そ
の塊が底の藁の栓を塞いで、蜜が滴下しないことがある。とにかく、蜜が
滞りなく早く落ちるほど砂糖の色は白く冴えてよくなる。

6.　藁の栓を抜いて一夜置くと、翌朝は蜜が落ちて、瓦漏内の砂糖の表面は
乾いて、おおよそ白砂糖になっている。表面が乾いてないのは、蜜がま
だ抜けていないということで、これは、瓦漏の底の栓に蜜が滞っているか、
又は煮詰めているときに粘り気があったかである。

乾いた砂糖の表面を5分程箆で掻きならして中央を高く盛り上げて、晒土
を置く。

表面が乾いていなければ晒し土を置いてはいけない。

　　＊晒土は摂津国では勝間土の白いものを使う。どこの国でも、粘りのあ
　　　る白い瓦土のような土はあるものである。この土を日に干して細かく
　　　砕き、桶に入れ水を入れて暫く置き、棒で撹き混ぜ、田楽に附ける味
　　　噌くらいに練って、箆ですくって砂糖の上に直に打ち込むようにして、
　　　表面を箆でなでて蓋をしたように置く。（図6-3-3-右上、左上、右下）

　　＊糖液を煮詰めている段階で粘りがあるか、出来が悪いと思う場合には、
　　　瓦漏に入れずに直に絞る。

7.　晒土を置いておくと次第に蜜は滴り、約10日程過ぎると土が乾いてひび
割れてくる。この時に土を起こすと、土の裏面には黒いものが付いている。
砂糖の表面も黒く斑になっていいて、それを藁の穂で作った小さな箒の先
を括って、瓦漏を傾けて掃けば黒い斑点は取れて、その下は大白の砂糖と
なる。（図6-3-3-左下）

8.　金杓子ですくうと1寸程が大白で、その下にまた晒土を置くと、今度は5、
7日で土が乾いて、1寸程が大白となる。

9.　さらにその下（第3層目）の色が冴えていない砂糖は、瓦漏4～5個分を1
つの瓦漏にまとめて晒土を置く。

10.　この色が冴えず蜜が残っている砂糖は、水をかけてよく混ぜ合わせ、
これをまた瓦漏に入れ、瓦漏棚に2日も置いておくと蜜が滴り落ちて乾く。
その時に晒土を置いて10日程過ぎて土が乾くのを目安として取り上げる
と、初めのように白くなっている。

　　＊このように土を又かけるより、絞る方が利方がよい。晒土をかけても、

154

6-3-3
右上：白い粘土を日に干して細かく砕いている図。
左上：細かく砕いた土を桶に入れ、水を入れて練っている図。
右下：田楽に付ける味噌くらいに練った土を砂糖の上に打ち込むように覆う。
左下：土が乾いてひび割れた頃、土を取り除く。土の裏面に黒色成分が斑に「表面吸着」しているのが認められる。
(『甘蔗大成』武田科学振興財団杏雨書屋蔵)

6-3-4
上：瓦漏から取りあげた砂糖を篩にかける。色の上・中・下によって樽に詰める。
下：瓦漏の下部の砂糖を切盤に入れる。
(『甘蔗大成』武田科学振興財団杏雨書屋蔵)

蜜が抜けずに乾かない分は絞る方がよい。

11. 取りあげた砂糖は色の上・中・下によって分類し、さらに篩にかけてから、桶に詰めて売る[12]。（図6-3-4-上）


## 4. 『甘蔗大成』「絞り様之事」

「絞り様之事」には様々な状況による方法が記されている。それは以下のとおりである。


第1の方法

1. 前項のように「覆土法」によって、逆円錐状の上層の白くなった砂糖を取り除いた下の部分の、蜜が残っていて色が冴えない砂糖を浅い木の盆状のものに入れ（図6-3-4-下）、水を打ちながら手で揉み（図6-3-5-上）、袋に入れて、図のような道具で絞る。

2. 絞った砂糖は麹蓋に入れて風に当てて乾かす。それからよく揉み砕いて、篩にかけて桶に詰める。


第2の方法

1. 濃縮糖液を揚げ壺に入れて箆でかき回し、結晶化と冷却をうながす。

2. 翌日箆を入れ、また手を入れて塊が無いように砕く。

3. さらに1日置くと、結晶は下に沈み、蜜は上に浮く。これを瓦漏に入れないで袋に入れて絞る。

　＊濃縮糖液が煮詰まりすぎると蜜は上に浮かんでこない。

　＊蜜が多すぎると、結晶の析出が遅くしっかりした結晶にならないが、3、4日そのまま置いておくと結晶はしっかりと成長する。

　＊煮詰まり過ぎたと思ったら、鍋で煮詰めている時に水を加えるとちょうど良い加減になる。

　＊煮詰まり過ぎて堅く蜜が少ない白下糖は、揚げ壺に入れた翌日に水を入れて手で揉み合わすようにすると、水を加えて焚き直すのと同様の効果がある。ただし、結晶がやせてしまうことを覚悟しておかなければならない。このようにして絞り、それでもまだ色が冴えない場合は、また水を打って絞ってもよい。しかし、何度も水を打つと結晶はやせて正味は少なく、また夏になると湿ってくる。

第6章 白砂糖生産 第5期

第3の方法

1. 濃縮糖液を揚げ壺に入れて冷まし、その後瓦漏に入れ蜜を落とし、晒土をかけないで、逆円錐状で固化している上部の砂糖を取り出して、水を打ってから絞ると色が冴えてよい。この方法が一番良い方法である。

第4の方法　　糖液を煮詰めている時から粘りがあった場合

1. 前項でも触れたが、収穫して長く保存をしておいたか、収穫が遅れて寒気に当たった甘蔗を搾って煮詰めると、鍋の中で粘り気がでてくる。冷まして置いても粘るものは、急には結晶化されない。このような場合は篦でたびたび掻き混ぜて5、6日放置しておくと、粘りが少しなくなって結晶が析出してくる。

2. それをまず袋に入れて搾り、粗方蜜を取り除いて木の盆状の物に入れ、水を打ってから揉んで、再び袋に入れて搾ると蜜は抜けて白砂糖になる。

　　＊鍋の中で甚だしく糸を引いている糖液は、煉り加減を早めにやめて取り上げ、数日置いておく。上に浮いている蜜をはねて、下に沈んでいる結晶を前述のようにして搾る[13]。

## 5.　まとめと考察

　「白砂糖製法」において、濃縮糖液を煎じている鍋から直接瓦漏に入れるのではなく、「揚げ壺」にまず入れることを工程として記述している。このことは、「揚げ壺」に一度濃縮糖液を取り上げてから、結晶の析出状態と白下糖の状態を確認していたものと考えられる。揚げ壺で冷却と結晶化を行うことによって、その後搾るか、瓦漏に入れて分蜜するか判断することが出来る。

　「白砂糖製法」では、揚げ壺に入れて結晶を析出させ、一夜置くと凝固しているとされるが、手で揉み砕くことが出来るくらいの蜜が存在する半固化状態であったと考えられる。その後瓦漏に入れて分蜜するが、結晶は重いので底に沈んで瓦漏の底の穴を塞ぐことを危惧しているので、蜜の粘度は低く比重も低かったことが察せられる。

　「覆土法」の土は、粘土質の白い土で、田楽味噌くらいの練り加減である。水分を含んでいるので、結晶の廻りに存在する蜜を洗い流す効果があったと考えられる。また、3章の田村元雄の方法でも触れたが、砂糖と土の接触面に表面吸着が起こっていることを観察している。粘土であるので表面吸着は起こり

157

うることであるが、砂糖の表面にある蜜しか吸着しないため、分蜜効果はほとんどないことはすでに述べた。

晒土を置く前に砂糖の表面を5分ほど箆で掻きならし、中央を盛り上げて置く操作は、逆円錐状の瓦漏では、水分と蜜が中央に寄って滴下していくので、中央部分の分蜜が進み、分蜜されて白くなった上層部の約1寸程の砂糖の断面が水平になるようにしたものだと考えられる。脱色が進んでいない部分の砂糖が混じらないように、金杓子で取り易くなる。また、表面が乾いている砂糖の塊を砕くことによって、水分を通りやすくする効果もあったのではないかと考えられる。

「絞る」ことを採択する場合をまとめると、以下のようになる。

1.　白下糖を瓦漏へ入れて分蜜し、「覆土法」を施して取り揚げた、逆円錐状の砂糖の下層部分の砂糖をまとめて絞る。

2.　白下糖を手で揉み砕いて、一夜置いておくと、蜜が上に、結晶が下に沈んで存在する状態になる煮詰め加減にして絞る。

3.　白下糖を瓦漏へ入れて分蜜し、本来「覆土法」を施す逆円錐形の砂糖上部部分も水を少し打ってから絞る。

4.　煮詰めている段階で粘りがあり、冷えても粘りがある場合には結晶の析出が遅いが、時間経過と共に析出してきた底に沈んだ結晶を絞る。

1は、蜜が溜まっている瓦漏内の下層部をまとめて「覆土法」を施す替わりに、まとめて搾るというものである。蜜が多く残留している部分であるので、「加圧法」によって蜜を押し出すことは、有効な分蜜法であったと考えられる。

4は、粘りのある白下糖は、「重力法」による自然分蜜では蜜が落ちにくいので、強制的加圧という力が必要であったと考えられる。

本史料で特筆出来る点は、2と3の場合である。

2は、意図的に結晶を下へ沈ませようとしていたことである。比重を利用して結晶を下に沈ませ、蜜が上方に浮くようにしていたと考えられる。煮詰まりすぎると、白砂糖の色が冴えないので、それを避けるためには、煮詰め加減が重要であり、煮詰まりすぎると蜜の層と結晶の層に分離されないことを永常は知っていた。

3は、瓦漏へ入れて分蜜を行ったあと、晒土をかけて脱色する上層部にも水を打ってから絞れば良いとし、それが1番の方法と位置づけていることである。瓦漏内の砂糖の上層部は特に乾燥が進んでいると考えられ、金杓子で削り取る際の砂糖の状態は、自然に結晶がいくつかついて小さな霰状になっていたと推

第6章 白砂糖生産 第5期

6-3-5
上：切盤に入れた分蜜がすすんでいない砂糖に水を打っている図。
下：梃子の原理で加圧する装置の図。
(『甘蔗大成』武田科学振興財団　杏雨書屋蔵)

6-3-6　桶の内部に入れる竹簀などの図。
(『甘蔗大成』武田科学振興財団　杏雨書屋蔵)

察される。固化している砂糖の塊に土の水分を浸透させて蜜を洗い流すよりも、この部分を削り出して揉んで少し水を打つ方が、結晶が離れ、結晶の周りに付着している蜜が動きやすくなると考えられる。

また、「覆土法」は、上部から1層目の覆土の期間が約10日、再び2層目への覆土の期間は5、7日であり、日数がかかりすぎることが欠点であったと考えられる。搾る道具は文中には具体的な道具を指す言葉としては現れないが、図で示され、それは梃子の原理で加圧する「押し船」（図6-3-5-下）と、重石を乗せる方法（図6-3-6）、および楔を打ち込んで加圧する「しめ木」（図6-3-7）である。「覆土法」ほど日数は要さず、一度に多くの分蜜が可能である。

効率を考えると瓦漏に入れないで、直接白下糖を絞った方がよいと考えられるが、永常は瓦漏の使用による分蜜を採っている。このことは瓦漏の使用に何か優位な点があったことを示唆している。

以上のように、永常は、煮詰まりすぎて完全に失敗しないように白下糖を直す方法や、様々な方法を記していることから、これを読んだ人々が、確実に砂糖製作を行うことが出来るようにという実践に基づく配慮をしたことが窺われる。すなわち、サトウキビの状態は毎年同じであるとは限らず、臨機応変の対応が、砂糖製作実践の場では常に求められていたと考える。そのように、砂糖

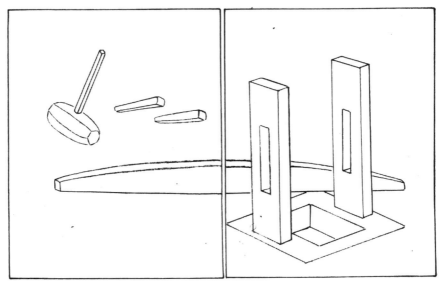

6-3-7　楔を打ち込んで加圧する「しめ木」の図。
（『甘蔗大成』武田科学振興財団　杏雨書屋蔵）

製作は熟練した技術を要し、そして、技術の多様化は、必然の事象であったのではないかと考える。


〈文献と注〉

1）飯沼二郎『公益国産考』「解題」『日本農書全集14　公益国産考』（農山漁村文化協会、1997）413-420頁。

2）岡俊二『甘蔗大成』「解題」『日本農書全集50　農産加工1　甘蔗大成他』（農山漁村文化協会、1994）218頁。

3）岡、前掲書〔注2〕、219頁。

4）大蔵永常『国産考　下巻』ケンショク「食」資料館蔵
　　　　○製法の事ハ予が砂糖製法録に委しけれバ見たまふべし、右書の通りに製し給ハバ、少しも誤ることあるべからざるべし、

5）大蔵永常『甘蔗大成』武田科学振興財団　杏雨書屋蔵。なお、岡、前掲書〔注2〕も参照した。
　　　　　　　　　惣論
　　（前略）予嘗て、琉球の製法を傳へ聞侍るに、黒を製する處の火加減にて、夏に至りて緩くなると成さるの術あり、（後略）

6）注5と同史料
　　　　　　　　　惣論
　　（前略）予其時浪華に在りて、黒砂糖を以て白糖に製する事を意匠し、虎屋某と言る糖舗と相謀て販きけるか、追々に其法を乞ひ需る人少からすして、各其需に應して悉く傳へけれハ、三都に弘布し製する人多く成りし、（後略）

7）注5と同史料
　　　　　　　　　惣論
　　（前略）茲に去歳摂西福原なる川越氏なる者と謀て、甘蔗を多く作りて試しけるに、必定製法の行届ざる時ハ益少き事顕然たり、（後略）

8）注5と同史料
　　　　　　　　甘蔗絞道具
　　（前略）琉球流并三島大島・喜界　徳の島の絞り轆轤を、往年薩州に横写し造りし形を、日向国延岡に移し造りしを左に図するなり、（後略）

9）注5と同史料
　　　　　　　　絞方人足手間積
　　（前略）讃岐にてハ、石轆轤を用ひ、一操二十貫目宛操るなり、石轆轤ハ操る處の口許を石にて製したるなり、一日に十操宛絞る由、（後略）

10）注5と同史料

蔗刈旬の事

（前略）畿内にても摂・河・泉の如き地ならハ、冬至より二十日も前に刈へし、

（後略）

11）注5と同史料

黒砂糖製法

（前略）

○右に記す所の黒の製法ハ、琉球及ひ三嶋流 喜界・大嶋・徳の嶋、此所にて製する砂糖皆薩州の産物なり の製法なり、今紀州・泉州・駿・遠の国々にて製するを見及ひつるに、（後略）

および、

白砂糖製法

（前略）ためし桶に取り見れハ、新酒の色のことく澄て出るなり、

紀州・泉州・遠州・駿州辺にてハ、澄し桶を五斗より一石も入る位の大桶を用ゆ、（後略）

12）注5と同史料

白砂糖製法
仕業の積

（前略）火を止め、大柄杓を以て揚壺の中へ汲取り、小匙にて 拌 カキマセ、暫くありてハ拌ること三、四度にして冷すへし、

○汲揚たる跡の鍋に盤、趾煉の黒の甘汁を直に入れへし、

○扨、煉揚たる白の下地ハ、冷るに従ひ砂を結ふへし、

茘にて砂と言ハ、蜜 ミツ の中へ砂のこときもの出来る、是則ち白砂糖なり、水気のある盤蜜なり、 是を一夜置ハ凝るなり、是を篦にて掻き拌せ、手を以て少シも堅りなき様に揉砕くへし、若シ火の加減詰り、蜜気少く固き カタ 時ハ、水を入れて揉ミ増すへし 堅れハ白砂糖の色さへす、又揚る時、前目にて蜜気多き時ハ、二、三日も其儘置ハ砂に実入り能くなるもの也

○扨、瓦漏の底の穴に藁を優て、長サ四寸に截り 切たる藁を又一筋宛茘の荒を能く揉ミとりて用ゆへきなり 堅からす又緩からす詰て、瓦漏棚へ居へ、底の穴の下へ瓦請の鉢をゥヶ置べし、直に蜜たらヘと落る也、其時暫く見合、藁を一筋宛指にて五、六本又盤十本も抜き取るへし、この藁の抜き様の遅くなつてハ、蜜漏けかぬる訳あり、何んとなれハ、砂ハ重き故、下へ沈ミ、藁の栓の瓦漏の内へぬけとをりたる際へとりつきよる所を偽して、藁を右に言ふごとく抜、故に砂を蜜盤潜りて、藁の栓をつたひて落るなり、藁の栓をつたひて落るなり、藁の抜様遅き時ハ、砂 (ママ重複ヵ) 藁の際に凝り付て、蜜を下へ通さす、

○又瓦漏へ入る時、半 テウ にて揉に堅り解ざれハ、其堅り底の藁栓を塞く故、蜜の落ぬことあり、兎角蜜ハ滞りなく早く落る程、砂糖の色白くさへてよし、

○扨、右言ふ如く、瓦漏に入れて藁栓を抜き一夜置ハ、翌朝蜜ハ残す落て瓦漏の面乾きて、凡白砂糖に成り居るなり、是を上五歩程篦を以て抓ならし、中高く仕置て晒土を置くへし、

第6章　白砂糖生産　第5期

晒土ハ摂津国にて勝間土の白きを用ゆるなり、何国にても粘く白き瓦土のごとき土あるものなり、此土を日に干し置き、然して後、細に砕き桶に入れ、水を入れて其儘暫く置、棒を以て搗き交ぜ、田楽に付る味噌の位に練りて笊にて匕ひ、瓦漏の砂糖の上に直に打込へし、尤、未た蜜気抜さるハ、上面乾き難し、是ハ土を抓へからす、前にも言ふことく、瓦漏の底栓際に滞り有る故なり、又煉上の時粘り気有ハ、必す蜜落かぬるなり、

○前文の心得を以て煉り上の時、粘り有か合點（ガッテン）の行さる出来悪しきと思ふ分ハ、瓦漏に懸すして直に絞るへし、

○扨、晒土を置てより次第に蜜たり、凡十日程過れハ、晒土乾き胖（ヒ）割るなり、此時土を起せハ、土の裏面に黒き滓付、砂糖の面も黒く斑に滓付てあるを、藁の穂にて拵へたる小き箒の先を括りたるを以て、瓦漏を倒け掃ハ、残す取れて下ハ大白の砂糖となるなり　甘蔗の性又火加減にて、色ハ上・中・下の段取出来るものなり、甘蔗の性ハ植る畑の土性と肥しに因ると覚ゆ、是を鉄抉子を以て匕ひ揚るに、上一寸程ハ太白にて、其下ハ少し黄褐なり、此黄褐なるを太白にせんと思ハヾ、亦晒土を懸くへし、此度ハ五、七日にて土乾き又一寸程太白と成る物なり　二度土を懸るより太白と其次と、二段にて下の色さ（チャイロ）へさると、四瓦漏、五瓦漏を一ツ瓦漏にして土を懸くへし、扨、此色さへす、蜜気ある分ハ、一所にして水を打、能く交せて前のことく瓦漏に入れ、二日も瓦漏棚に直し置ハ、蜜たりて乾くなり、其時又晒土を懸くへし、十日程過て晒土の乾きたるを度として揚れハ、初のことく白くなるなり、

右のことく又土を懸るより絞る方利方よろし、都て始のことく晒土を懸ても乾き兼る分ハ、絞る方宜し、絞り様左に記す、

扨、右の如く取揚たる砂糖ハ、色の上・中・下により、夫〳〵に取り分け篩（フルヒ）にて通し、桶に詰て賣るへし、

13）注5と同史料

絞り様之事

右に言ふ如く、上の白き分を取りたる下の蜜気ありて色さへさるを、切盤に入れ、水を打　水打物ハ藁の穂にて拵へたる煙芋の薬（茎カ）を揺る箒（莖カ）の位に造る　手にて揉ミ、袋に入れて絞るへし　別に絞る道具種々あり、精くハ奥に記す、

扨、絞り揚て袋より出し、糀蓋に入れ、風に当て乾かすへし、然して能く揉砕き、トヲシにて篩ひ、桶に詰むへし、

○又一術あり、煉り揚て直に揚壺の中へ汲揚、篦を以て攪廻せハ砂立て早く冷るなり、其夜を過き翌日篦を入れ、又手を入れて能く堅りの無き様に砕き置き、一日置ハ砂ハ下へ沈ミ、蜜ハ上へ浮くなり、然して瓦漏に懸すして、直に袋に入れて絞るへし、

煉揚の火加減詰り過ハ、上へ浮へき蜜なきなり、是ハ蜜上に浮く位の火加減に煉揚されハ、蜜の色少し茶色なるが、白になるへき砂に染付て色さへす、兎角火詰り過さる様にすへし、又余り前目にて蜜多過ハ、砂の立方遅くして、砂に力なし、尤三、四日も其儘置ハ、砂に力出来る也、此所考へて焚へし、

163

○火過たると思ハ、煉揚の時水を入るれハ、丁度能き加減になるものなり、

○火詰り過て堅く蜜気なきハ、翌日揚壺の内にて水を入れて、手にて揉ミ合すれハ、焚直したるも同様なり<sup>焚直したると同然なれ共、少し砂ヤセル道理あると覚ゆる也、</sup>此ことくにして絞れハ色さゆる也、夫にても色さへされハ、又水を打、絞りてよし、尤度々水を打盤砂痩て正味少く、夏に至りて潤来るなり、

○又術、前に言ふ如く一旦揚壺に入れ、冷して瓦漏に入れ、蜜を落して晒土を懸くへき所を懸すして少シ水を打、絞れハ色さへてよろしき、此仕様なり、第一よろしき仕様なり、

○前にも言ふ、甘蔗を刈て長く囲ひ置たるを絞るか、畑に久敷置、寒気に中たる蔗を操て煉者、鍋の中にて粘るなり、是を匙にてたらし見れハ、飴のことく糸を引くなり、少し糸を引くか、煉揚て冷し置ても粘りあるものなり、粘りあるハ、砂急に立兼る物なり、是ハ篭にて度々ませて、五、六日も其儘置盤、粘り少し去りて砂立ものなり、まつ袋に入れ絞りて、大概に蜜を取り、切盤に入れ水を打ち、揉て又袋に入れ絞ハ、粘抜て白砂糖に成なり、多く糸を引くハ、火を前目に煉り揚、日数置て上に浮たる蜜をハね、下に沈したる砂ハ、右の如くして絞リて宜し、又煉揚たる儘に桶に入れ白下と名付賣てよし、日数経れ者、粘リも薄くなり砂も立つものなり、

# 第4節　小　括

　寛政年間の幕府の積極的な砂糖生産普及活動によって、各地でサトウキビ栽培と砂糖製作が拡がった。文政元年には、幕府は、初めて本田畑へのサトウキビの植え付けを禁止する触れを出した。このことは、本田畑へもサトウキビを植え付ける人々がいたことを示していると共に、サトウキビの栽培が多くの地で成功し、普及していたことをも示している。さらに、天保5年、天保13年にも同様の触れが出されている。本田畑へのサトウキビの植え付けの禁止が守られず、栽培は一層拡布していったものと考えられる。

　サトウキビの栽培がこのように拡がっている状況下において、サトウキビから白砂糖を作るために、どのような方法が採られていたのか。

　第1節では、寛政12年から享和元年にかけて、土佐藩領にて砂糖製法伝授を行った荒木佐兵衛の方法を検討した。

　荒木佐兵衛が記した書には、現在の「和三盆」技術と酷似している「加圧法」によると考えられる分蜜法が、「覆土法」によって作る砂糖とは別の種類の砂糖を作るための独立した方法として示されていた。しかし、砂糖製作を行う人々にとっては、「加圧法」によって作られた砂糖は、光沢が抜けるので下品であると認識されていた。したがって、「覆土法」によって作られた砂糖は、上品と考えられていた。

　そして、「覆土法」の効率の良い方法として、蜜がしたたり落ちる機能をもつ井楼の上に白下糖を置いて「覆土法」を施すということが行われていたことが指摘されていた。

　また、砂糖の名称として、佐兵衛が認識していたのは、「大白」と称する砂糖には、「加圧法」によるものと、瓦漏による分蜜の後「覆土法」を施した2種があり、「雪白」は瓦漏内において「覆土法」を施すのではなく、井楼による効率のよい「覆土法」によるとしていた。「三本」は「雪白」をさらに精製したもので、この完成品を板ずりして粉にしたものは、菓子に使う氷おろしのようにショ糖の純度が高いものであった。

　第2節では、享和元年に高松藩領で行われていた方法の聞き書きを扱った。それには、分蜜容具として瓦漏と、春を使用した「重力法」が採られており、その後琉球筵に広げ、砕いたりもみほぐすことが記されていた。

　さらに脱色効果をねらう操作として、芦眼石の粉末入りの水を湿り気が帯び

るくらいに少しずつ振りかけることと、日光に当てることが行われていた。

　また、「和三盆」技術の加圧用具である、梃子の原理で加圧する「押し船」や、重石をかける「加圧法」は、結晶化がされていても、蜜に粘りがあって「重力法」では蜜が抜けないときに採用されていた。

　なお、「覆土法」については記されていない。

　第3節では、江戸時代の農学者である大蔵永常が天保年間頃に最終的にまとめた『甘蔗大成』を検討した。『甘蔗大成』には、「覆土法」と「加圧法」が示されていた。どちらの方法を採るにしても、濃縮糖液を「揚げ壺」にまず入れる。このことは、「揚げ壺」に一度濃縮糖液を取り揚げてから、結晶の析出状態と白下糖の状態を確認していたものと考えられる。

　永常は、サトウキビの状態や煮詰め具合の状態、及び、結晶と蜜の存在する状態などによって、臨機応変に対応する技術を提示している。そのように、砂糖製作を行うには熟練した技術を要し、また、技術の多様化は必然の事象であったのではないかと考える。

　以上3節を通じて、江戸時代後期における技術は、次のような位置付けにあったと考える。

　第1節で取り上げた荒木佐兵衛の記した史料には、享和元年と2年本があるが、第2節の高松藩領で行われていた製法の聞き書きも享和元年のものであるので、同時期に記された史料である。高松藩では、重力によって蜜が抜け落ちない時に「押し船」による「加圧法」が採られていた。一方、同時代の佐兵衛の史料には、現在の「和三盆」技術との共通点がみられ、「押し船」による「加圧法」があったと考察したが、対処法として「加圧法」を示しているのではなく、1種の砂糖製法として独立して記されている。

　しかし、「加圧法」によって作られた砂糖は、下品と認識されていた。したがって、「覆土法」によって作られた砂糖は、上品であると考えられていた。「加圧法」が、1種の砂糖製法として位置付けられていることは、下品と認識されている砂糖であっても、需要があったことを示している。

　また、大蔵永常が天保年間頃に最終的にまとめた砂糖製法をみても、「覆土法」の他に、「加圧法」が粘りのある蜜の対処法としてのみ示されているのではないことから、様々な技術によって作られた砂糖が、それぞれにおいて消費需要の対象になっていたものと推察する。すなわち、上品と考えられていた「覆土法」によって作られた砂糖と、下品と考えられていた「加圧法」によって作られた砂糖は、江戸時代後期に、どちらも需要があったと考える。

# 第7章

## 結　論

第7章　結　論

# 第1節　総合的考察

　本研究では、江戸時代に行われていた白砂糖製作に不可欠であった分蜜法を「覆土法」を中心に検討してきた。各章を通じて明らかになった特に重要な点を考察すると、以下のようになる。第1項では「覆土法」の期間を確認し、第2項では「覆土法」の効果として明らかになった新たな知見を提示する。第3項では、「覆土法」が適さなかった場合と「加圧法」について考察する。

## 1.　「覆土法」の期間

　我が国では、8代将軍吉宗の殖産政策によって砂糖生産の取り組みが始まった享保年間には、中国の書物などを参考にして、「覆土法」による白砂糖製法が研究されていた。

　宝暦年間に尾張や長府で行われていた分蜜法は「覆土法」で、国内の本草学者などによる砂糖製作技術書には、田村元雄『甘蔗造製伝』（宝暦11（1761）年以降）、その弟子である平賀源内編『物類品隲』（宝暦13（1763）年）、そして後藤梨春『甘蔗記』（明和元（1764）年）などがあるが、いずれも「覆土法」を採っている。また田村元雄からも伝授されて国産の砂糖生産の普及活動を行った武蔵国の名主池上太郎左衛門幸豊も、さらに寛政9（1797）年に幕府の官吏木村又助が版行した『砂糖製作記』に至るまで「覆土法」が主であった。そしてその「覆土法」は、江戸時代後期の大蔵永常も『甘蔗大成』（天保年間頃（1830～1843）完成）の中で、現在の「和三盆」を作る際に用いられている酒や醤油をしぼる「押し船」で圧力を加えて分蜜する「加圧法」などと共に紹介している。

　宝暦から寛政まで、約40年から50年の間、さらに吉宗の時代に幕府が得た情報収集時期まで遡れば、70年から80年もの間、我が国の砂糖分蜜法としては、「覆土法」が主であった。江戸時代後期に、大蔵永常が、「覆土法」も提唱していることを考えると、約100年間我が国では「覆土法」を第1の分蜜法として位置付けてきたことになる。

　「覆土法」がいつ頃に我が国から姿を消したのか定かではないが、明治13年の時点では主流ではなかった模様である[1]。

169

## 2. 「覆土法」の効果

(1) 「覆土法」の効果として、ショ糖の結晶の周りの黒色成分を含む蜜を洗い流す外に、「毛管現象」によって乾いた土側へ蜜を吸い上げるという効果も長府藩で観察されていた。さらに本草学者であり医者でもある田村元雄は、壁が結晶と蜜の混合体の砂糖の上に落ちてその下の砂糖が白くなったという中国における「覆土法」の起源について記された書物を参照し、ホイロで乾かせた土によって「覆土法」の実験を試みていた。それは、水分の洗い流し効果を主とする分蜜ではなく、「毛管現象」を期待していたのではないかと考察した。田村元雄から幕府へ推挙された武蔵国の名主池上太郎左衛門幸豊は寛政元年、2年の時点で、固く練った土と水分を多く含んでいた土の両方で「覆土法」を施していた。「毛管現象」によって土側へ蜜を吸い上げる分蜜を期待する場合、逆円錐状の砂糖の上部が乾燥していると蜜が固まっているので、蜜を動かす水分と「毛管現象」を起こすための水分が必要となる。したがって、土には砂糖の側へ滲出する水分が必要であったと考えられる。その結果、水分による洗い流しと「毛管現象」の両方の作用による分蜜効果を砂糖製作者らは期待していたのではないかと考察する。

(2) 「覆土法」の土の種類に田の底の土を使用するという記述があること、土に「薬」を混ぜるという記述があること、および土に酢を混ぜて試みていたという記録から、江戸時代の砂糖製作人の中には、化学的な作用をも期待していたのではないかと考えられた。

## 3. 「覆土法」と「加圧法」

(1) 「覆土法」を施すことが出来ない状態として、結晶が底に沈み、蜜が上部に存在することがあった。濃縮糖液を瓦漏内全体に結晶化および固化させることは、結晶を底に沈ませて析出させるよりも、刈り取ったサトウキビの状態の見極め、糖液の清浄、煮詰め具合などにおいて、より高度な技術を要していたと考えられた。

「覆土法」が有効ではないのは、蜜が粘っている場合で、「重力法」及び「覆土法」では蜜が抜けず、「加圧法」を採らざるを得ない場合があった。

「覆土法」を施してはいけない場合は、結晶が小さい場合であった。

第7章 結 論

　我が国における「覆土法」の消滅について、気候によって結晶が小さいので水分による洗い流しによる分蜜は、むずかしかったという解釈がすでにある[2]。確かに結晶が小さければ、「覆土法」を施してはいけないと池上太郎左衛門幸豊も示し、気候風土による結晶生成の大きさの優劣は、付論のベトナムの事例においてもすでに指摘している。しかし、幸豊が結晶の大きさはサトウキビの状態や、特に煮詰め方に作用すると述べているように、気候だけが結晶の生成と大きさを決定する要因ではないことは明らかであり、結晶が存在する状態と蜜の状態も「覆土法」を施すか否かの重要な要素であったのではないかと考えられた。

　そして、中国の書物などの情報からは、「加圧法」が分蜜法として提示されていないが、「絞る」「押し付ける」という簡易な「加圧法」は、明和3年から4年にかけて幸豊が行った幕府関係者への試作披露においてすでに行われていた。したがって「加圧法」は江戸時代後期になって現在の「和三盆」の産地によって初めて行われた方法ではなく、研究と実践過程において、「覆土法」と共に分蜜技術として存在していたことが明らかになった。

（2）「加圧法」による分蜜道具は、寛政4年にそもそもはサトウキビの茎を絞るための既存用具の転用として、「しめ木」と「押し船」が示されていたことに示唆されたのではないかと考えられた。そして、すでに我が国に酒・醤油の醸造や油絞りなどに使用する「しめ木」と「押し船」などの加圧用具があったことが、分蜜を「加圧法」によって行うことに拍車をかけたのではないかと考えられた。

（3）第1段階の瓦漏による分蜜と、第2段階の「覆土法」による分蜜を行った砂糖は上品であることが、田村元雄によって示唆されていた。また、少なくとも寛政年間後期には、現在の「和三盆」方式の特色である、水分を加えて揉むという「研ぎ」につながる方法の後に「加圧法」を施すことが行われていたと考えられるが、その砂糖は光沢が抜けるので砂糖製作を行う人々の間では下品とされており、したがって「覆土法」によって作った砂糖の方が上品の砂糖が出来ると考えられていた。


〈文献と注〉

1）織田顕次郎「日本砂糖製造之記」『東京化学會誌』第1帙、96、103頁。

2）クリスチャン・ダニエルス「中国製糖技術の徳川日本への移転」永積洋子編『「鎖国」を見直す』（国際文化交流推進協会、1999）139頁。ダニエルス氏は日本で「覆土法」

が根付かなかったとしている。その理由に関して、中国南部は気候的に大きな結晶が出来、蜜を洗い流すことができたが、日本は気候によって出来る結晶が小さいことを挙げている。それにより土の水分の流下による洗い流しの方法を採ることができず、「和三盆」技術の「加圧法」に移行したとしている。

第7章　結　論

## 第2節　結　語

### 1. まとめ

　本研究は、江戸時代に砂糖の殖産化に向けた、白砂糖製法の技術である「覆土法」について明らかにすることを目的とした。殖産化は幕府によって推進されていたが、幕府が中国の書物などから得た、砂糖を白くするために不可欠である分蜜法は「覆土法」であったので、「覆土法」を中心に考察を行った。

　研究の方法は、本論においては、江戸時代に記された史料を中心とし、未刊一次史料の発掘を試み、先行研究者が利用している史料についても、新しい解釈を行った。すでに翻刻がある史料に関しては原典を確認し、文字の判読を一部修正したものもある。そして、付論として所収したベトナムの民族事例もオリジナル一次資料として引用した。

　付論においては、我が国では現在行われていない「覆土法」の民族事例を、江戸時代に砂糖を輸入していた国でもあるベトナムで採録し、「覆土法」の概略を把握して、科学的な説明を試みた。この事例研究を、江戸時代に我が国で行われていた「覆土法」を示す史料の解釈に役立てた。

　本論では、宝暦年間から天保年間までにおける「覆土法」について検討し、その結果以下のような知見を得た。

1. 「覆土法」の効果として、水分による洗い流しによる分蜜のほかに、「毛管現象」を期待する分蜜も我が国では行われていた。
2. 「覆土法」によって作られた砂糖は、上品であったと考えられた。
3. 結晶の状態、蜜の状態、および結晶と蜜の存在する状態などによって「覆土法」が有効ではない場合に「加圧法」が採られたと考えられ、現在の「和三盆」技術に通じる簡易な「加圧法」は、少なくとも明和3年の時点から「覆土法」と共存しうる技術であった。

173

## 2. 今後の課題

1. 「覆土法」の効果としては、「分蜜」という物理的側面から検討してきた。しかし、田の土を使うという記述もみられ、その土がもつ還元力が脱色に作用したのではないかという推測もできる。また土に混ぜる「薬」や酢の存在が史料に出現していたが、どのような効果があったのかはその史料に記述がなく、未解決な問題として残っている。文献史学の範疇を超えるが、化学的な観点からも「覆土法」の効果を検討する必要があると考える。

2. 砂糖は、奈良時代以降、薬として舶載され、江戸時代前期においても一部の人々の奢侈品として輸入されていた。江戸時代後期には、庶民にいたるまで生活必需品となる。そのような変遷を経てきている砂糖が、日本の食生活の形成に与えた影響を明らかにする必要がある。しかし、その際には、殖産化に成功していた江戸時代後期においても我が国では砂糖を輸入していたので、輸入していた砂糖と、国産の砂糖に違いがあったのかどうかなど、輸入先の技術史、および貿易史をふまえて砂糖の様相の位置付けを行う必要がある。

3. 2にも関連することであるが、日本が江戸時代に砂糖を輸入していたベトナムのみならず、アジア各国での伝統的な手法による砂糖製法の民族調査および文献調査を行うことによって、日本との技術の比較がはじめて出来るものと考える。その結果、日本の技術に特異性があったのか否かを言及することができるのではないかと考える。そして、技術を明らかにすることは、砂糖の様相を明らかにすることにもつながり、消費形態への考察の入り口になりうると考える。

# 第8章

# 付論 「覆土法」の民族事例

ベトナム中部における伝統的な白砂糖生産について

## 1. はじめに

ベトナム中部に位置するクアンガイ（Quang Ngai）省は、砂糖生産で有名なところである[1]。ベトナム中部は、歴史的に古くから砂糖生産が行われており、日本も江戸時代に砂糖を輸入していた[2]。

ベトナム中部は17世紀から中国移民によって砂糖生産業が移転され、18、19世紀にはベトナム中・南部を支配していた阮氏によって、中国移民への農業と貿易の推進が図られ、砂糖生産業の一層の発展がみられたとされる[3]。この地における砂糖製法の技術的な記録は、1749年から1750年に滞在したピエール・ポイブレによるものが最初とされ、それには「覆土法」が行われていた記述がある[4]。

すでにベトナム中部を調査した本事例について、中国および日本で17世紀から19世紀にかけて行われていた砂糖生産に使用する圧搾機や釜などの設備との共通点[5]、ならびに白砂糖生産法の共通点[6]のあることは指摘した。本章は、ベトナム農村に古くから伝えられてきた白砂糖製法を採録し、これに科学的な説明を試みるものである。

## 2. 事例の背景

ベトナム中部では、「覆土法」を施して農民によって作られた「白砂糖」は、採録時点から7～8年前に流通市場から姿を消したと言われている。その理由は、政府管理の近代的工場で、活性炭や円心分離機などを使用して、より白い砂糖が作られているので、わざわざ時間をかけて作る必要がないからだという。

本章で報告するのは、「重力法」によって分蜜を行う逆円錐状の砂糖を作っている生産者が、自家用に「覆土法」によって「白砂糖」作りを行っている事例1と、現在では糖蜜作りが主流の農家で、かつて行っていた「覆土法」による白砂糖生産を再現した事例2の2事例である。

事例1の場所は、クアンガイ（Quang Ngai）省

8-1-1　調査地
事例1はクアンガイ省ソントン県ティンチャオ村、事例2はクアンガイ省クアンガイ市ニエロ地区

ソントン(Son Tinh)県ティンチャオ(Tinh Chau)村で、事例2の場所はクアンガイ(Quang Ngai)省クアンガイ(Quang Ngai)市ニエロ(Nehia Lo)地区である。(図8-1-1)

観察・聞き取り時期は1999年3月3日から22日までの間に実施した。

## 3. 製作工程

(1) 工程の概略

製作工程は大きく分けると、圧搾、加熱、分蜜、脱色である。製法の要点を

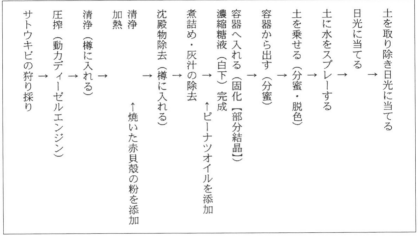

サトウキビの狩り採り → 圧搾(動力ディーゼルエンジン) → 清浄(樽に入れる) → 清浄加熱 ↑焼いた赤貝殻の粉を添加 → 沈殿物除去(樽に入れる) → 煮詰め・灰汁の除去 ↑ピーナツオイルを添加 → 濃縮糖液(白下)完成 → 容器へ入れる(固化【部分結晶】) → 容器から出す(分蜜) → 土を乗せる(分蜜・脱色) → 土に水をスプレーする → 日光に当てる → 土を取り除き日光に当てる

8-1-2
事例1の製作工程

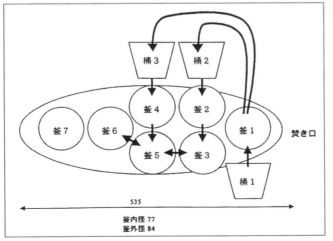

8-1-4
事例1の釜配置図

工程にしたがって述べれば、サトウキビを圧搾して得た汁を釜の中に入れて煮詰め、この濃縮糖液を逆円錐状で底に穴を開けてある素焼きの容器に底の穴を塞いで流し込んで、部分結晶化した砂糖の塊を作る。その後、容器の底の穴の栓を抜いて、非結晶の蜜を落下させて分蜜する。さらに、固化している砂糖の上部表面に、泥を乗せて分蜜・脱色するというものである。

図8-1-2と図8-1-3にそれぞれの事例の工程を簡単に示し、釜の配置と糖液の移動の流れを図8-1-4と図8-1-5に示した。なお工程を観察しながら、糖液の温度、pH、Bx（屈折率）を測定し、各工程中に示した。使用した機器は、pH 計 D-21S（(株)堀場製作所製）、およびBxは手持屈折計N-1E、N-2E、N-3E（(株)ア

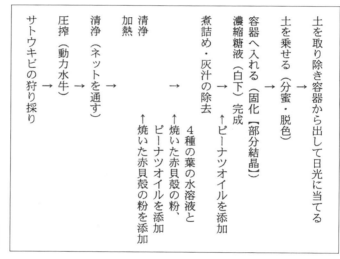

8-1-3
事例2の製作工程

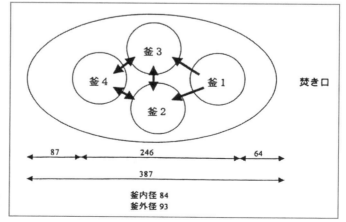

8-1-5
事例2の釜配置図

タゴ製）である。

　(2)　事例1の工程

①ディーゼルエンジンを動力とした垂直三連ローラー式圧搾機を使用している。採録日のサトウキビの品種はF56である。

②圧搾汁を桶1に入れる。浮遊物と沈澱物が入らないように、桶の底から約15センチメートル程上げた所に位置するコックから、圧搾汁を釜1へ入れる。（圧搾汁の温度33℃、pH4.96、Bx9.0%）

③釜1で約30分加熱する。加熱しはじめて後10分位で、焼いた赤貝殻の粉を入れる。（写真8-1-6）

④釜1から桶2、桶3へ入れ、約30分不純物の沈殿を待つ。

⑤図8-1-4に示した矢印のように糖液を移動させ、浮いてきたアクを取りながら釜6で最終的な煮詰めに入る（この日は釜7を使用しなかった）。泡がふきこぼれそうになると、ピーナツオイルを1〜2滴加える。

⑥釜6の濃縮糖液を指で触って状態を確認した後、圧搾後のサトウキビの茎を束ねて底の穴を塞いだ素焼きの容器へ移す。（濃縮糖液の温度115℃、pH5.57、Bx77.0%）

⑦出来上がった濃縮糖液を容器に入れてから約15分後、容器の内面から金属製の箆を入れて、中央に向けてゆっくり数回かき混ぜる。

⑧容器に入れて約1日経つと、逆円錐形の砂糖の塊になって固まっているので容器からはずし、補助具を使用して立て置き、重力によってモラセスを落下させる。

⑨容器からはずして2日経ち（容器に濃縮糖液を入れてから3日後）モラセスの落下が進んだ砂糖の上部側面をバナナの葉で巻き、水田に隣接した沼から採取した白味がかった土をよく捏ね、水分を含んだ状態で、逆円錐形の砂糖上面を塗り塞ぐ。

⑩土をかぶせてから5日後（容器に濃縮糖液を入れてから8日後）から日光に当てておく。土をかぶせてから日光に当てるまで2回ほど、手に水をつけて振り、土に水分を与えたという。（写真8-1-7）

⑪土をかぶせて7日後（容器に濃縮糖液を入れてから10日後）、土を取り除く。土の表面にまで毛管現象による色素の移行が認められる。さらに日光に当てておく。（写真8-1-8）

⑫土を取り除いて8日後（容器に濃縮糖液を入れてから18日後）に、全工程が終

第 8 章 付 論 「覆土法」の民族事例

8-1-6 煮詰めの初期段階で、赤貝殻を焼いた粉を入れる。

8-1-7 黒砂糖の上部の側面をバナナの葉で巻き、水田に隣接した沼地の土をよく捏ね、水分を含んだ状態で砂糖上部を塗り塞ぎ、5日後から日光に当てる。

181

8-1-8 土の表面にまで毛管現象による色素の移行が認められる。

8-1-9 水牛を歩かせて畜力によって回転させる圧搾機。2カ所からサトウキビを挟んで、向こう側の人間がそれを受け取る。

第 8 章　付 論　「覆土法」の民族事例

了する。

(3)　事例2の工程

①水牛を歩かせて回転させる垂直三連ローラー式圧搾機を使用している。採録日のサトウキビの品種はF56、310、PORI [7] である。(写真8-1-9)(水牛1頭目の圧搾汁は温度27℃、pH5.60、Bx7.0%、水牛2頭目の圧搾汁は温度28℃、pH5.30、Bx6.8%)

②圧搾汁はネットを通して釜1へ入れる。

③釜1の圧搾汁が加熱されて約15分後、焼いた赤貝殻を砕いた粉を入れる。

④以下に記すように、糖液を移動させながら煮詰める。

⑤アクを取りながら加熱1時間後(糖液に泡がたってきて100℃を越えた頃)、4種の葉(グァバ、ジャックフルーツ、スターアップル、その他一種La bo ngof)をすりつぶして絞った水溶液に、焼いた赤貝殻の粉とピーナツオイルを加えた液を釜2、3、4に入れる。グリーンがかった透明感を出すためという。(調査現地で主に生産されている糖蜜作りでは、これらの葉の水溶液は加えない。)

⑥釜3を釜2、4に分け入れ、加熱開始から3時間15分で糖蜜が出来る。(釜2の糖蜜の温度は105℃、pH5.28、Bx74.0%、釜4の糖蜜の温度は105℃、pH5.22、Bx74.0%)

⑦砂糖作りのために、さらに加熱し糖液を濃縮させる。

⑧釜2、4の泡が噴きこぼれそうになると、焼いた赤貝殻の粉入りピーナツオイルを1～2滴加える。濃縮糖液を釜2ひとつにまとめ、水に糖液を垂らして、状態を確認してから運搬用のバケツへ移す。(濃縮糖液の温度114℃、pH4.92、Bx79.0%)

⑨素焼きの容器の底に開いている穴へ藁をねじ込み、容器の下部を土に埋めて容器の内面にピーナツオイルを塗る。(写真8-1-10)

⑩濃縮糖液を半分容器に入れ、容器側面から金属製の箆を入れて、中央に向けてゆっくり数回かき混ぜる。さらに残りの濃縮糖液を容器に入れ同様に箆を入れる。

⑪翌日、濃縮糖液は固化しており、中央に出来た陥没している穴を、柄の先が輪になった金属製の工具で削って平らにした後、この日に煮詰め作業を行った濃縮糖液を注ぐ。固化している表面部との境をなくすために、さらに表面部を削りながらかき混ぜる。(濃縮糖液の温度119℃、pH4.85、Bx79.0%)

⑫容器に濃縮糖液を入れ終えてから2日後、固化している砂糖を取り出し底

183

8-1-10　35kg 入りの素焼きの容器の底の穴を塞ぎ、土に埋める。

辺部を切り落とす。容器内部を水で洗い、再び砂糖を入れ、容器ごと壺の上に置く。この時に容器の穴に差し込んでいた藁を取り除き、重力によってモラセスを落下させる。

⑬容器に戻した砂糖の上に、水田の泥をよく捏ねて水分を含んでいる状態のまま乗せ、軒先に保管する。(写真8-1-11)

⑭土をのせて7日後(容器に濃縮糖液を入れ終えてから9日後)土を取り除く。砂糖との接触面の土側に若干色素の移行がみられる。(写真8-1-12)

⑮容器から出して日光にあてて2日後(容器に濃縮糖液を入れ終えてから11日後)に、全工程が終了する。


## 4. 観察と測色

　Misカラーセンサー MCR-A ((株)コアサイエンス・ミノルタ(株)製)を用いて、両事例の砂糖のL*a*b*値を測定した。

　事例1の、逆円錐状の素焼き容器から取り出した砂糖の塊を縦に割って、その断面を見ると、逆円錐形の砂糖上層部は表面から1.5cmから3.5cmの厚さの

第8章 付論 「覆土法」の民族事例

8-1-11 容器に戻した砂糖の上に、水田の底の土をよく捏ねて水分を含んでいる状態のまま乗せ、軒先に保管する。

8-1-12 砂糖と土の接触部に若干色素の移行が認められる。

部分は脱色が著しく、白色化していることが認められ（L*値46.0、a*値3.7、b*値11.7、以下数値のみを記す）、上層部の白色化したこの部分と、その下に続くまだ茶色に近い中層部（34.8、7.4、16.0）、および、さらに黒色を帯びた底に近い下層部（20.6、3.2、4.2）の三層に色調が大きく分かれていることが認められた。さらに上層部と中層部は境目が明白で、その境目へ鎌を入れると、簡単に分離した。

また、逆円錐形の砂糖上部表面から10cmほどの位置の断面（写真8-1-13と図8-1-14）を観察すると、そこには上層部の白色化層（41.6、3.7、11.5）と、その下に続く茶色に近い中層部（35.5、5.2、11.8）があり、茶色に近い層には、1cmから2cmの幅の黒色を帯びた部分（20.7、3.5、5.3）の混在が認められた。

一方、事例2の砂糖の塊を縦割りにして断面を観察しようとしたが、砂糖上層部が円錐状に分離した。中層部は中央部にモラセスがかなり溜留しており、底に近い下層部も同様である。事例2でも上層部の方が焦げ茶色（30.5、6.6、12.3）で、下層部は黒色を帯びている（19.9、0.7、−0.4）ことは認められるものの、

8-1-13　事例1の砂糖の上層部。

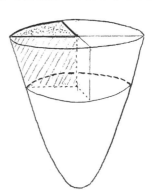

8-1-14　8-1-13の部分。

8-1-15　事例2の砂糖の上層部。

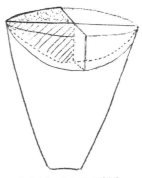

8-1-16　8-1-15の部分。

第 8 章　付　論　「覆土法」の民族事例

表 2　事例 1 の砂糖の L\*a\*b\* 値

| No. | 試料 | | 試料 | L\* | a\* | b\* |
|---|---|---|---|---|---|---|
| 基準試料 | 濃縮糖液（白下） | | | 26.70 | 3.50 | 6.30 |
| 1 | 上層部表面より 1cm | | 1 | 47.50 | 3.90 | 12.30 |
| 2 | | 2cm | 2 | 46.00 | 3.70 | 11.70 |
| 3 | | 3cm | 3 | 41.60 | 3.70 | 11.50 |
| 4 | | 4cm | 4 | 35.10 | 4.50 | 11.50 |
| 5 | | 5cm | 5 | 35.00 | 5.30 | 11.90 |
| 6 | | 6cm | 6 | 35.50 | 5.20 | 11.80 |
| 7 | | 7cm | 7 | 26.80 | 4.20 | 7.80 |
| 8 | | 8cm | 8 | 20.70 | 3.50 | 5.30 |
| 9 | | 9cm | 9 | 23.40 | 2.90 | 3.10 |
| 10 | | 10cm | 10 | 15.20 | 2.60 | 3.00 |
| 11 | 中層部 | | 11 | 34.80 | 7.60 | 16.00 |
| 12 | | | 12 | 35.00 | 7.40 | 15.90 |
| 13 | | | 13 | 36.10 | 7.40 | 15.90 |
| 14 | | | 14 | 30.40 | 6.40 | 12.60 |
| 15 | 下層部水平断面 | | 15 | 25.80 | 2.20 | 2.70 |
| 16 | | | 16 | 22.00 | 2.90 | 8.40 |
| 17 | | | 17 | 22.70 | 2.90 | 4.10 |
| 18 | 下層部最低部 | | 18 | 20.50 | 2.60 | 3.20 |
| 19 | | | 19 | 21.90 | 3.30 | 5.20 |
| 20 | | | 20 | 20.60 | 3.20 | 4.20 |

表 3　事例 2 の砂糖の L\*a\*b\* 値

| No. | 試料 | | 試料 | L\* | a\* | b\* |
|---|---|---|---|---|---|---|
| 基準試料 | 圧縮糖液（白下） | | | 23.80 | 1.30 | 0.70 |
| 1 | 上層部表面より 1cm | | 1 | 32.30 | 6.80 | 12.30 |
| 2 | | 2cm | 2 | 29.60 | 5.80 | 11.50 |
| 3 | | 3cm | 3 | 30.50 | 6.60 | 12.30 |
| 4 | | 4cm | 4 | 31.80 | 6.70 | 13.30 |
| 5 | | 5cm | 5 | 27.40 | 5.40 | 9.00 |
| 6 | | 6cm | 6 | 17.60 | 2.30 | 1.70 |
| 7 | | 7cm | 7 | 22.90 | 6.20 | 10.20 |
| 8 | | 8cm | 8 | 23.80 | 5.20 | 8.90 |
| 9 | | 9cm | 9 | 25.30 | 5.50 | 9.60 |
| 10 | | 10cm | 10 | 26.50 | 5.60 | 8.60 |
| 11 | 中層部 | | 11 | 18.40 | 3.30 | 3.20 |
| 12 | | | 12 | 19.10 | 1.10 | 0.60 |
| 13 | | | 13 | 21.10 | 1.20 | 0.20 |
| 14 | | | 14 | 21.70 | 1.40 | 1.60 |
| 15 | 下層部 | | 15 | 19.90 | 0.70 | −0.40 |
| 16 | | | 16 | 19.20 | 0.50 | −0.60 |
| 17 | 下層部最低部 | | 17 | 18.60 | 1.10 | 0.70 |
| 18 | | | 18 | 17.50 | 0.70 | 0.20 |

事例1のようにきれいに三層にはなっておらず、色調が変わっている境界を肉眼で確認することはできなかった。

逆円錐状に分離した上層部には（写真8-15と図8-16）は、焦げ茶色の部分に黒色斑（22.9、6.2、10.2）が入っていることが観察できた。


## 5. 製作工程の考察

### （1）サトウキビ汁の糖度（Bx値）

ベトナムでは通常12月中旬から3月中旬にかけて、サトウキビの刈り入れと砂糖生産を行うのが主流とされている。採録日は前年（1998）に多量の降雨と大洪水があり、サトウキビの状態がよくないと両事例の製作者が言っていた。毎年、重力によって分蜜する逆円錐形の砂糖を作っている事例1の農民は、「昨年は1時間くらいで煮詰め工程が終わったのに、今年は2時間かかる」こと、また「通年だと1sao（約500m²）で10ポット（1ポット約35kg）の砂糖がとれたが、本年は2ポット」の歩留まりになると説明した。通常、圧搾したサトウキビ汁の糖度は、文献によればBx14～16%程度とされるが[8]、本調査の採録日の圧搾汁は事例1がBx9.0%、事例2がBx7.0%とBx6.8%と低糖度であった。水分の蒸発によってBxは上昇するので、糖度が高いサトウキビ汁であるほど、煮詰め時間は短くなる。


### （2）焼いた赤貝殻の粉を入れる効果

圧搾したばかりのサトウキビ汁は、通常pH5.2～5.4の酸性で、微細なバガス（圧搾したサトウキビの茎）、ガム質、アルブミン、ロウ、色素、土壌粒子、砂、粘土などを懸濁質として含む。加熱と焼いた赤貝殻の粉の添加により、多くの不純物が凝固、沈殿する。その理由は、焼いた赤貝殻の粉は主として炭酸カルシウムがあるために、酸は中和され、リン酸化合物から析出したリン酸石灰に、色素、コロイドその他の不純物が吸着されるからである[9]。

事例2において、清浄工程が終わっているにもかかわらず、最終的な煮詰め段階で焼いた赤貝殻の粉入りピーナツオイルを加えているのは、貝殻粉を入れることによって、ショ糖を結晶化させるための核を与えていると考えられる。


### （3）ピーナツオイルの添加

油脂は加熱により一部分解して脂肪酸が生成していることが考えられ、これ

が糖と化合して糖アルコールの生成が推測される。この物質の界面活性作用によって、沸騰した濃縮糖液を消泡すると思われる。

（4）箆を入れることについて

濃縮糖液は冷却されることによって結晶が析出するが、箆を入れることによる振動でさらに結晶形成が促進される。結晶は急冷すると細かくなり、ゆっくり冷やすと大きく成長するので、攪拌までいかない程度に箆を入れることによって、大きな結晶の生成を促していると考えられる。「掻き混ぜてはいけない」と、両事例の製作者は言っていたが、早くよく攪拌すると、大きくなろうとする結晶形成を阻害することになることを経験から習得していたと考えられる。結晶が大きい方が、結晶間のモラセスが移動しやすい。大きな結晶を作ることが、この白砂糖製法のポイントだと考えることができる。ベトナムは熱帯気候なので、大きな結晶を生成するための自然条件が備わっていると考えられる。

（5）逆円錐状の素焼きポットの効果

逆円錐状容器を使用する分蜜法は、物理的な作用を有効的に利用し、結晶の周りに付着したモラセスを、重力によって落下させる方法である。逆円錐状の容器によって、蜜はポット内面で抵抗に遭い、重力に反して中心部へと移動していく。その反発力は、結晶間のモラセスを移動させやすく、その抵抗時間はゆっくり結晶化を進める作用にも関与すると考えられる。逆円錐状の素焼き容器の底に穴を開けているので、部分結晶化されて固化した後に底の穴の栓を抜けば、モラセスは重力によって容器の外に排出される。

ポットの材質が素焼きであることは、金属製ではないのでゆっくりと冷却が進行し、また大きい容器ほど全体の冷却速度が遅れるので、大きな結晶の生成に優位であると考えられる。

（6）採取した土について

両事例の製作者は、単に土を得ようと思えば、庭や畑の土を得ることができる環境にあった。これらの土に水を加えて「覆土法」を行うことの方が、容易であったと思われる。しかし、事例1の製作者は、家から水田のあぜ道を歩いて約4分を要した水田に隣接した小さな沼地の泥を採取した。事例2の製作者は、自転車で約7分かかった水田の泥を、水田底部より約20cm前後下層にある土を採取した。両者に共通しているのは、「水田」である。水田の下には、

189

水分保持能の高い粘土質の土壌があることが必須である。事例1は水田に隣接している沼の土を使用しており、水田同様に粘土質を多く含む土であると考えられる。製作者があえて選んだのは、粘土質を多く含む土であったと考えられる。

(7) 土を乗せる「覆土法」の効果

本事例での「覆土法」の原理を考えてみると、結晶の周りに付着したモラセスの下降をより促進させるために、水分を含んだ土を乗せるものと考えられる。

水分が多すぎればショ糖の結晶が溶けてしまうので、結晶を溶かさずにモラセスの濃度を下げる程度の水分の補給が必要となる。したがって、水分保持能の強い粘土性の土が使われたと考えられる。すなわち、水分を保ちながら、重力によってゆっくりと水分を落とす作用のある粘土質の土を、調査現地ではあえて求めたということができる。

事例1ではこの効果が明瞭に現れた例で、事例2ではそれが効果的に作用しなかった例といえよう。結晶化の状態やモラセスが多い場合、およびモラセスの粘性が高い場合には、分蜜が促進されない可能性が考えられる。

事例1の上層部内での精製度の問題、すなわち最上層部の数センチの層に脱色が著しく認められたことについて考察しておく。砂糖の塊の上に乗せた土に水分がある間は、水分は下降していくが、これが乾燥してしまった場合、むしろ砂糖の塊の方に水分があって、覆土の方には水分がない状態になることが考えられる。この場合に起こりうることは、シリカゲルの薄層クロマトグラフィーにみるように、「毛管現象」によって砂糖塊中の水分が上昇することが考えられ、砂糖の塊の上に乗せたすでに乾いた土の方へも水分と一緒にモラセスの移動があるものと考えられる。

事例1では、写真8-1-8に見られるように、覆土の表面と内部に黒色化が認められるが、これは「毛管現象」によって乾燥した土へモラセスが上昇した結果と考えられる。土を取り除く前に2日間日光に当てておいた工程が、覆土の乾燥を促進させたと考えられる。

しかし、事例2では、土を乗せてからは軒下で保管すること、さらに日光に当てるのは覆土を取り除いてからであることからか、土が充分に乾燥していなかった。写真8-1-12に見られるように、砂糖と接触している土側に若干色素の移行が認められ、粘土による「表面吸着」は起こっているが、「毛管現象」は起こらなかったと考えられる。

本事例は、「覆土法」メカニズムについて、水分による洗い流しの効果の他に、

第8章 付論 「覆土法」の民族事例

「毛管現象」を主とする作用が起こった場合の効果もあったという、新たな解
釈を付加する根拠を提示したと考えられる。


〈文献と注〉

1）ファン・ダイ・ゾアン"ホイアンとダンチョン"日本ベトナム研究会編『海のシルク
　　ロードとベトナム』、穂高書店、1993、309頁。

　　　　タンホア、ディエンバン、クアンガイ、クィニョンでは、砂糖きび栽培に特化
　　　　した農業と砂糖の精製業を行う広大な土地が作り出された。（中略）上の四府で
　　　　はクアンガイが最も多くの砂糖を産出し質も高い

2）17世紀はじめにベトナム中部を訪れたフランス人宣教師アレクサンダー・ロードは、
　　砂糖が作られ日本に輸出していることを記している。Alexandre de Rhodes, *Divers
　　Voyages et Missions*: Ban dich Viet ngu: Hong Nhue, *Hanb trinb va truyen giao*, Nha
　　Xuat Ban Thanh Pho Ho Chi Minh, 1994. pp. 64-65.

　　Ils ont du sucre en telle abondance, （…）, Ils en envoient beaucoup au Japon

　　オランダ側の史料から試みた『唐船貨物改帳』の復元から、広南、交趾と呼ばれて
　　いたベトナム中部から17世紀前半における我が国の砂糖の輸入は、寛永18（1641）年
　　には江南船が黒砂糖40400斤、正保3（1646）年江南船黒砂糖43000斤、交趾船黒砂糖
　　15000斤、慶安1（1648）年江南船黒砂糖4000斤、白砂糖27000斤、交趾船黒砂糖6000
　　斤、慶安3（1650）年江南船黒砂糖142000斤、白砂糖3000斤、氷砂糖2200斤、交趾船
　　が黒砂糖17000斤、白砂糖10000斤、氷砂糖2200斤である。永積洋子編『唐船輸出入
　　品数量一覧1637-1833』、創文社、1987、36-47頁より算出した。

　　また交趾からの白砂糖は、大宛に次ぐ品質として、黒砂糖は上として1番目に名が
　　挙がっている。

　　寺島良安『和漢三才圖會』、和漢三才圖會刊行委員会編『和漢三才圖會【下】』所収、
　　東京美術、1986、1256-1257頁。

　　　　（前略）白沙糖者、凡二百五十万斤。（中略）凡太宛為極上、交趾次之。（中略）
　　　　黒沙糖、凡七八十万斤。（中略）交趾為上（後略）

3）Christian Daniels, "Agro-industries and Sugarcane Technology", Joseph Needham
　　(ed). *Science and Civilisation in China Vol.6 III*, Cambridge University Press, 1996,
　　pp.427-429.

4）Daniels, *op. cit*., pp.430-431.

5）荒尾美代「ベトナム中部の砂糖生産形態 ―アジア地域における砂糖生産の原初形態
　　を探る―」『昭和女子大学文化史研究第3号』、1999、75頁。

6）荒尾美代「ベトナム中部における白砂糖生産法 ―17、8世紀における中国・日本の
　　製糖との比較研究―」『昭和女子大学文化史研究第4号』、2000、80頁。

7）砂糖製作者から聞いた品種であるが、NCo310、POJ の可能性がある。

8）藤巻正生・三浦洋・大塚謙一・河端俊治・木村進編『食料工業』、恒星社厚生閣、1985、109頁。

9）前掲書、109〜110頁。

資　料

## 「和三盆」方式と「覆土法」方式の図と写真

## 1. 現在の「和三盆」製法の写真

採録は、2002年3月12日、徳島県板野郡上坂町岡田製糖所にて行った。

すでにサトウキビの刈り取りと圧搾、煮詰め工程は終了しており、ショ糖の結晶と蜜の混合物である白下糖の状態で保存している。分蜜工程は年間を通じて適宜行う。

分蜜工程
1. 木の箱に布を敷いて白下糖を入れて布で包む。
2. 押し船に入れて、梃子の原理で重石を吊して加圧する。
3. 取りだして少し水をかけ、手でよく捏ねる。
4. 再び木の箱に布を敷き、やや分蜜された砂糖を入れて包み、押し船に入れる。この作業を通常5回繰り返す。色の具合は、注文に応じて微妙に変える。
5. 乾燥させ、砕いて篩にかける。

資料1-1　木の箱に布を敷き、白下糖を入れて包む。

**資料1-2** 布で包んだ白下糖を入れた木の箱に蓋をし、何段も重ねて押し船に入れる。

**資料1-3** 梃子の原理で加圧する。

資料　「和三盆」方式と「覆土法」方式の図と写真

資料1-4　押し船にかけた砂糖を取りだして、水を少し加えて手で捏ねる「研ぎ」という作業を行う。この作業と押し船にかけることを繰り返す。

資料1-5　乾燥させて篩にかける。

## 2. 明治時代の「和三盆」

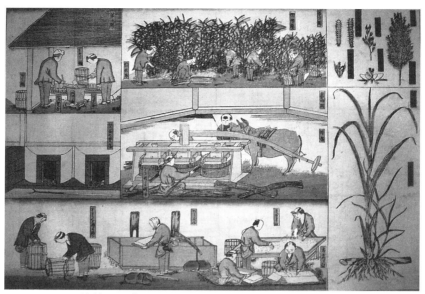

資料2-1 『教草』明治6年（ケンショク「食」資料室蔵）

資料2-2 『大日本物産図会』明治14年（ケンショク「食」資料室蔵）

資料 「和三盆」方式と「覆土法」方式の図と写真

## 3. かつて行われていた「覆土法」の図　　中国・日本

資料3-1　中国　宋應星『天工開物』
　　1637年（静嘉堂文庫蔵）

資料3-2　日本　平賀源内編『物類品隲』
　　1763年（国立国会図書館蔵）

199

## 4.「覆土法」の様子　　ベトナム

資料4-1　ベトナム中部クアンガイ省ソントン県。砂糖の上部の側面をバナナの葉で巻き、水田に隣接している沼の土をよく捏ね、水分を含んだ状態で砂糖上部を塗り塞ぎ、5日後から日光に当てる。

資料4-2　ベトナム中部クアンガイ省クアンガイ市。水田の底の土をよく捏ねて、水分を含んでいる状態のまま乗せ、軒先に保管する。

# 博士論文に関わる発表論文等

第2章

荒尾美代「尾張藩における宝暦年間（1751-1763）の白砂糖生産 ―史料「糖製秘訣」の原作者をめぐって―」『科学史研究』第45巻 No.239（2006）、33-38、日本科学史学会

荒尾美代「宝暦年間（1751-1763）における長府藩の砂糖生産 ―「覆土法」を中心にして―」『化学史研究』第30巻 第4号（2003）、205-217、化学史学会。

第3章

荒尾美代「田村元雄（1718-1776）の白砂糖生産法-「覆土法」を中心にして-」『化学史研究』第31巻 第4号（2004）、228-278、化学史学会

第4章

荒尾美代「明和から天明年間における池上太郎左衛門幸豊の白砂糖生産法 ―精製技術「分蜜法」を中心にして―」『風俗史学』第28巻（2004）、2-26、日本風俗史学会

第5章

荒尾美代「寛政年間における池上太郎左衛門幸豊の白砂糖生産法 ―精製技術「分蜜法」を中心にして―」『科学史研究』第44巻 No.233（2005）、33-38、日本科学史学会

第6章

荒尾美代「「和三盆」技術の成立時期に関する研究 ―享和元年（1801）、荒木佐兵衛の史料を中心にして―」『食文化研究』第1巻（2005）、日本家政学会食文化研究部会

第8章

荒尾美代「ベトナム中部における砂糖生産」糖業協会研究助成報告書（1999）

荒尾美代「ベトナム中部における砂糖生産法」日本家政学会食文化研究部会大会発表要旨（1999）

荒尾美代「ベトナム中部の砂糖生産形態 ―アジア地域における砂糖生産の原初形態を探る―」『昭和女子大学文化史研究』3（1999）、75-82、昭和女子大学文化史学会

荒尾美代「ベトナム中部における白砂糖生産法 ―17、8世紀における中国・日本の製糖との比較研究―」『昭和女子大学文化史研究』4（2000）、80-90、昭和女子大学文化史学会

荒尾美代「ベトナム中部における伝統的な白砂糖生産について ―「覆土法」を中心に―」『技術と文明』Vol.14 No.1（2003）、43-55、日本産業技術史学会

201

# あとがき
～1000人の「おかげ様」をカタチにしたい～


　今回、書籍のタイトルからは外したが、2005年3月8日付けで学術博士を昭和女子大学から授与された博士論文には、―「覆土法」を中心に― というサブタイトルが付いていた。「覆土法」とは、土を覆って砂糖を白くする方法のことである。日本のみならず中国やカナリア諸島、ブラジル、ベトナムなどで行われていたことが歴史的記録から確認できる。

　ベトナムとの協力関係を長年にわたって築き上げられた、昭和女子大学国際文化研究所の所長　友田博通先生、副所長の菊池誠一先生には、ベトナムでの調査の便宜を図っていただき、土を使って砂糖を白くするという民族事例の実見につながり、現在に至るまでお世話になっている。


　学位授与を受けて2006年、コロンブス没後500年、ドミニカ共和国で行われた砂糖の歴史シンポジウムに招聘されたことが、私の国際シンポジウムでのデビューとなった。南蛮菓子の研究から砂糖の研究に至るまでお世話になり、そしてこのシンポジウムへ推薦してくださった、Dr. Alberto Vieira に感謝の意を表したい。研究には国境はないということを地でいかせていただいた。

　博士論文提出から12年の月日が経った。その間は、文献資料のみならず、民族事例において伝統的な砂糖生産法を見つけ出すという手法で、インド、バングラデシュ、モロッコ、ブラジルへと調査地を広げ、世界の海を渡った砂糖生産技術を実感してきた。

　そして本年、18年ぶりにベトナムでの当時の調査者を訪ねた。急激な経済成長を続けるベトナムで、伝統的な砂糖生産は変貌・消失していた。18年前と「今」のベトナムの伝統的な砂糖について、『砂糖類・でん粉情報』（2017年5～7月号）に3号に分けて報告しているので、ウェブサイトでご高覧いただけると嬉しい限りである。

203

論文作成に導いてくださり、現在も毎週火曜日の勉強会でご指導を賜っております主査をしていただいた平井　聖　昭和女子大学名誉学長に改めて感謝の意を表したいと思います。

　また、大学院生時代からご指導を賜りました副査の先生方に深謝いたします。

　糖質のご研究もされている木村修一先生のご推薦によって、糖業協会とアサヒビール振興財団から研究助成金をいただくことができました。

　大沢眞澄先生には、洋学史、科学史、化学史のお立場からご助力をいただきました。

　スチュアート・ヘンリ先生には、民族調査を行う際の注意点と7つ道具をご教授いただきました。

　外部副査故石川松太郎先生には、学会などでお目にかかるたびに、暖かいお言葉をかけていただきました。本書をお渡しできないことが心より悔やまれます。


　川崎市市民ミュージアムの望月一樹氏、ケンショク「食」資料室の吉積二三男氏、徳川林政史研究所の鶴岡香織氏には、何度も史料閲覧のお手間を取っていただき、謝意を表するとともに、その100分の1も活用させていただけていないのが申し訳ない限りです。

　その他、閲覧・複写・掲載でお世話になった武田科学振興財団　杏雨書屋、静嘉堂文庫、京都大学附属図書館、東北大学附属図書館、山口県文書館、名古屋市蓬左文庫、国立公文書館、国立国会図書館、東京都立中央図書館、昭和女子大学図書館の関係各位に感謝申し上げます。


　これまで、取材や調査に応じてくださった方々の数は計り知れない。

　「1000人のおかげ様をカタチにする！」と決心したのが、今年の1月末のこと。実はさらに多くの人々の力で生かされているのだが、顔が思い浮かぶ人数としては、100人では少ないので、1000人と掲げた次第である。

　私の最大の理解者で応援者であり、3年前に癌で亡くなった夫、岩熊　健の「おかげ様」も含めてカタチにしたのが本書である。

「研究とか本を書くとか、本当にやりたいことを目いっぱいやれ！」
と遺言を残し、今も天国から叱咤激励してくれている。

　そして、夫亡き後も、大地のような愛でいつも包み込んでくれている母、荒尾冬子に本書を捧げたい。


　2017年4月

荒尾美代

[著者紹介]

# 荒尾美代 （あらお　みよ）

東京都生まれ。青山学院大学文学部教育学科卒、昭和女子大学大学院生活機構研究科生活機構学専攻　博士課程満期退学。博士（学術）
昭和女子大学国際文化研究所　客員研究員。南蛮文化（料理・菓子）研究家

**所属学会：**
日本科学史学会、化学史学会、日本風俗史学会、日本家政学会食文化研究部会、日本産業技術史学会、洋学史学会、洋学史研究会、伝統食品研究会

**主な著書：**
『南蛮スペイン・ポルトガル料理のふしぎ探検』（日本テレビ放送網）
『ポルトガルを食べる。』（毎日新聞社）
『ポルトガルへ行きたい』共著（新潮社）
『砂糖の文化誌』共著（八坂書房）

**主な論文等：**
尾張藩における宝暦年間（1751–63）の白砂糖生産 ―史料「糖製秘訣」の原作者をめぐって―『科学史研究』

宝暦年間（1751–63）における長府藩の砂糖生産について ―「覆土法」を中心にして―『化学史研究』

田村元雄（1718–76）の白砂糖生産について ―「覆土法」を中心にして『化学史研究』

明和年間から天明年間における池上太郎左衛門幸豊の白砂糖生産法 ―精糖技術「分蜜法」を中心として―『風俗史学』

寛政年間における池上太郎左衛門幸豊の白砂糖生産法 ―精糖技術「分蜜法」を中心にして―『科学史研究』

和三盆技術の成立時期に関する研究『食文化研究』

ベトナム中部における伝統的な白砂糖生産について ―「覆土法」を中心に― 『技術と文明』

「和三盆」技術の源流を探る基礎調査 ―バングラディシュの伝統的な砂糖生産―『食生活科学・文化及び環境に関する研究助成』

北インドの砂糖生産 ―ラブとカンサリを中心に―『精糖技術研究会誌』

南蛮菓子アルヘイトウの語源考『和菓子』

A History of Sugar in Japan –Focusing on the White Sugar Production from the 18th Century *'O AÇÚCAR ANTES E DEPOIS DE COLOMBO'*

## 江戸時代の白砂糖生産法

2017年5月18日　初版第1刷発行

|  |  |  |
|---|---|---|
| 著　者 | 荒　尾　美　代 | |
| 発行者 | 八　坂　立　人 | |
| 印刷・製本 | モリモト印刷（株） | |

発　行　所　　（株）八　坂　書　房
〒101-0064　東京都千代田区猿楽町1-4-11
TEL.03-3293-7975　FAX.03-3293-7977
URL.：http://www.yasakashobo.co.jp

ISBN 978-4-89694-234-7　　落丁・乱丁はお取り替えいたします。
無断複製・転載を禁ず。

©2017　Miyo Arao